Susanne Wiborg

Gäste in meinem Garten

Bienen, Amseln, Huhn und Star

Bilder von Rotraut Susanne Berner

Verlag Antje Kunstmann

Regina und ihr Hofstaat

Wieder mal neue Mitbewohner, hochadlige sogar: Königin Regina 59. samt Hofstaat schlug ihre Residenz in meinen Garten auf. Die Bienen sind da, und, ich gesteh's offen: Ihr Einzug war für mich zunächst durchaus eine Überwindung. Mein Verhältnis zu Insekten blieb nämlich nachhaltig gestört, seit ich in der Schule Kafkas »Verwandlung« lesen musste, diese Horrorgeschichte, in der sich ein Mann in einen chitinraschelnden Käfer verwandelt. So waren Bienen für mich bisher keine näheren Bekannten, sondern einfach Teil des großen Gesummes, das hier in der Gartensaison die Luft erfüllt. Persönliche Kontakte zu *Apis mellifica* beschränkten sich auf weit zurückliegendes Gestochenwerden auf der Freibadwiese und waren folglich von Distanz geprägt. Anders als die runden, puscheligen, immer ein bisschen sympathisch verbummelt wirkenden Hummeln haben Bienen, diese gestreiften kleinen Torpedos, etwas distanzierend Preußisches: uniformiert, effizient und durch und durch diszipliniert. Respekteinflößend, aber unheimlich. Andererseits scheinen mein Gartengeschmack und der der Bienen ziemlich identisch zu sein: Üppig, ein bisschen wild, mit vielen ungefüllten Bauerngarten-Blüten. Auf unserer Straße stehen überdies mehrere mächtige Linden – und all das zog das Auge eines begeisterten Neu-Imkers auf sich: ein ideales Revier für einen kleinen Schwarm seiner Mädels.

Bienen? Bei mir?! Zu Hund und Hühnern auf dem Minigrundstück in der Stadtmitte? Unvermeidbar dicht an den Nachbarn? Schrie das nicht geradezu nach Komplikationen? Da drängten sich einer wespengeprüften Comicleserin doch unwillkürlich Visionen von wütenden Schwärmen auf, die Terrier Erbse, die Hühner und mich slapstickreif ums Revier jagten oder gleich zu Streuselkuchen zerstachen. Dennoch: die begeisterten Erzählungen des Imkers hatten meine Neugier natürlich längst geweckt – und Tiere, um die sich jemand anders kümmert, während ich beobachten darf, sind immer verlockend. Kurz und gut: Eines Tages, direkt nach der Rapsblüte, zogen sie ein: Regina 59., die ihren Titel dem winzigen Zahlenschildchen verdankt, mit dem Züchter eine Königin kennzeichnen, und ihre Mädels. Ganz unköniglich reisten sie im Kofferraum an, in einem verschlossenen großen Holzkasten, aus dem ein sonderbarer Ton erklang: ein Vibrieren, eine Art raschelndes Summen, ein Geräusch, das eher zu fühlen als zu hören war. Sie bezogen den letzten halbwegs freien Platz direkt neben dem Gewächshaus, der ihnen so viel Licht wie möglich und mir einen bestechenden Vorteil bot: Ich konnte dem Imker notfalls aus sicherer Deckung, nämlich aus dem Gewächshausfenster, zusehen.

Eine Vorsichtsmaßnahme, die sich als überflüssig erwies: Als das Flugloch des Kastens offen war, krabbelten statt eines zornigen Schwarms nur ruhige Einzelbienen ins neue Revier, stiegen hoch auf und verschwanden im blauen Himmel. Gegen das latent aggressive Gewimmel an einem Wespennest wirkten diese Hautflügler gelassen und – mir fällt kein anders Wort ein – kultiviert. Genau so ging es dann auch weiter: Ich war verblüfft, wie friedlich diese Bienen waren. Der herumwuselnde Hund, die unter dem Kasten pickenden Hühner, mein ständiges neugieriges Beobachten: auf nichts reagierten sie irgendwie aggressiv, sondern flogen einfach ungerührt ihrer Wege. Dass ich dann doch schon in der ersten Woche gestochen wurde, war mein eigener Fehler: An einen sehr schwülen Tag ging ich, intensiv nach einem schicken Duschgel duftend, zum Gewächshaus – und hatte eine heranschießende Wächterbiene im Haar und einen Stich im Hals, bevor ich überhaupt wusste, wie mir geschah. Es stimmt also: Bienen mögen kein aufdringliches Parfum.

Natürlich wäre es verlockend, jetzt eine so richtig aufregende Geschichte aufzutischen: Wahnsinnsschmerzen, Riesenschwellung, spektakuläre Allergie, allein: das

Drama hielt sich in Grenzen. Es tat, mit entsprechender Salbe, einige Stunden weh, juckte nach einer Woche heftig nach, und dann war alles vergessen. Und: Dieser so prompt bestrafte Anfängerlapsus ist bisher nicht nur der einzige Stich, sondern auch die einzige überhaupt irgendwie kritische Situation zwischen mir und Reginas Volk geblieben. Inzwischen kennen wir uns: Solange die Bienen in den üblichen entspannten Bögen um ihr Flugloch wimmeln, ist alles in Ordnung. Einzelne, in pfeilgerader Linie auf mich zuschießende Wächterinnen dagegen signalisieren ein deutliches »Hau ab!« – was ich dann auch schleunigst tue. Andererseits habe ich mehrmals im Meterabstand neben dem geöffneten Kasten gestanden, während der Imker daran hantierte, ohne je angegriffen zu werden. Ich habe völlig unbelästigt (und natürlich unparfümiert!) regelmäßig dicht am Stock Rambler- und Weinranken geschnitten und täglich Blumentöpfe gegossen. Nur beim Gierschbuddeln fast direkt unter dem Flugloch erschien es mir doch ratsam, die Nachtruhe von Queen & Co abzuwarten. Insgesamt aber sind Regina und ihre Mädels eine ebenso faszinierende wie empfehlenswerte Mitbewohnerschaft mit nahezu makellosen Manieren, für die Platz tatsächlich im kleinsten Revier ist. Und so gibt es jetzt wieder etwas, worauf ich mich in der düsteren Jahreszeit freuen kann: Nicht nur auf ein neues Garten-, sondern auch auf ein neues Bienenjahr!

Die Qual der Vorfreude

Vorfreude, so heißt es immer, sei die schönste Freude. Und kaum eine ist schöner als die auf den Frühling, mit dem alles, was uns an den Garten fesselt, von neuem beginnt: die Chancen und die Enttäuschungen, die Erfüllung und der Ärger, kurz: das ganze volle Leben, komprimiert und symbolisiert im grünen Revier. Doch gemeinerweise kann dieses erwartungsvolle Kribbeln auch in schiere Qual umschlagen – dann nämlich, wenn das so sehnsüchtig erwartete Objekt der Gärtnerbegierde es vorzieht, sich lange nicht blicken zu lassen. So lange, dass sich die schreckliche Frage auftut: Kommt es überhaupt noch, oder hat die Natur hier mal wieder mit all der Gemeinheit zugeschlagen, mit der sie auch fette Nacktschnecken erfunden oder Schadpilze auf unschuldige Rosen losgelassen hat? Zu so einer Qual wurde mir letztes Frühjahr das Warten auf die große Krokus-Pracht. Kündigen die ersten zarten Schneeglöckchen an, dass auch dieser Winter unglaublicherweise doch ein Ende finden könnte, so gehen die fröhlichen Krokusse gleich noch einen großen Schritt weiter: Mit ihrem Auftritt ist der Frühling da – ganz egal, wie rauh das Wetter dann noch wird.

Diesen Garten-Festtag wollte ich genießen wie noch nie, denn lange war meine Zuneigung zu den zierlichen botanischen Krokussen eher einseitig gewesen. Die kleinen Schwertliliengewächse erwiderten sie nicht. Aus gutem Grund: Viele von ihnen stammen ursprünglich aus warmen Gegenden, und mein bindiger, nasser Boden vertrieb sie alle. Mit einer Ausnahme: Der Elfenkrokus, ursprünglich ein Laubwaldbewohner, kommt hier prima zurecht und hat in seiner amethystfarbenen Niedlichkeit das ganze Revier erobert. Und nun schien endlich die Zeit gekommen, ihm Gesellschaft zu geben und einen Krokus-Neustart zu wagen. Unter dem großen Kirschbaum gab es, nachdem ich jahrelang das Laub, bedeckt von Kompost, dort hatte verrotten lassen, inzwischen wunderbar lockeren Humus für kleine, frühe Zwiebelpflanzen.

Außerdem waren die Gast-Bienen eingezogen, und die schätzen Krokusse ganz besonders, als eine der ersten Futterquellen des Jahres, die sie reichlich mit Pollen versorgt. So lag es nahe, ihre Interessen und meine perfekt zu kombinieren: Ich bestellte 600 botanische Krokuszwiebeln – mit bemerkenswerter Selbstbeschränkung übrigens. Früher wären es bei all den verlockenden Sorten und Farben sicher noch deutlich mehr geworden. Aber einige wirklich unfreundliche Dezembertage mit eisigem Schneeregen und reichlich Blumenzwiebeln, die dringend noch in die Erde wollten, haben mich da doch eine gewisse Beherrschung gelehrt. Auch so reichte es für einen üppigen Kragen rund um den Baum, ein perfektes Bühnenbild für den großen Auftritt der ersten Insekten der Saison.

Einen langen Winter über sah ich sie bei jedem Blick in diese Ecke schon erwartungsfroh vor mir: die Bienen und die Hummelköniginnen, die gaukelnden Zitronenfalter und vielleicht sogar das erste Pfauenauge. Doch allmählich wich die Vorfreude der Beklemmung: Es wurde nicht richtig Winter, es wurde nur furchtbar nass. Wochenlang. Genau das Wetter, das die meisten Zwiebelpflanzen wirklich hassen, alle Schimmelpilze dagegen wirklich lieben. Würden meine Krokusse das überleben, oder würden sie wegsterben wie so oft zuvor? Als sich der März näherte, umkreiste ich Tag für Tag den Kirschbaum. Tag für Tag dieselbe Enttäuschung: Nichts zu sehen, nicht eine Spitze. Würde es vielleicht – ein finsterer Verdacht, der mich nach einer Überdosis Winter aller Erfahrung zum Trotz regelmäßig beschleicht – überhaupt nicht Frühling werden? Nie? Einfach immer so weitergehen mit dem klammen Grau, das über uns zu lasten schien wie ein Fluch? Die erste Märzwoche verging, die zweite – nichts. Warum tat ich mir das an, alle Jahre wieder? Wäre es nicht besser gewesen, zur Flucht aus dem Winterfrust statt auf den Garten lieber auf eine Reise in freundlichere Gefilde zu setzen?

Und dann passierte eben doch, was sich zwar alljährlich wiederholt, was ich aber immer erst wirklich glauben kann, sobald es soweit ist: Mehrere Tage nacheinander schien die Sonne. Überall schoben sich wie im Zeitraffer dicke Spitzen aus der Erde – und da waren sie plötzlich, die bunten Krokusse! Zwar längst nicht alle sechshundert, aber doch genug für ein prachtvolles Bild: Büschel an Büschel, cremegelb, violett, lavendelfarben, blauweiß, und golden. Ein zarter, süßer Duft hing in der Luft, überall in den strahlenden, offenen Kelchen tummelten sich pollengepuderte Bienen und Hummeln, und auch die ersten Schmetterlinge waren zur Stelle. Als die überschwängliche Pracht verblüht war, hatte der Frühling endgültig gesiegt. Es ging tatsächlich alles wieder los, endlich, und doch: Inmitten dieser bunten Explosion war schon wieder etwas vorüber, für ein ganzes langes Jahr. Für einen kurzen, verrückten Moment wünschte ich sie mir zurück, diese ebenso kribbelnde wie frustrierende Vorfreude, mit der auch der längste Winter irgendwann endet. Bis jetzt jedenfalls…

Bringt Legen Segen?

Eier frisch aus dem eigenen Garten sind zwar ein kulinarischer Traum, aber: Es gibt sie nicht jederzeit in beliebiger Menge. Massenproduktion rund ums Jahr ist Sache der industriellen Legehybriden. Rassehühner wie meine Zwergwyandotten haben sich – wenn man beim Haushuhn überhaupt noch davon sprechen kann – einen halbwegs natürlichen Zyklus bewahrt: Sie legen in der hellen Saison und nehmen, sobald die Tage kürzer werden, ihre wohlverdiente Ruhepause in Anspruch. Dann wechseln sie das Gefieder und stellen das Eierlegen währenddessen komplett ein. Genau das ist der Moment, in dem ihre bedauernswerten Kolleginnen aus Wirtschaftsbetrieben entsorgt werden, denn ob Bio oder nicht: kein Betrieb kann es sich leisten, Tausende von Hennen wochenlang in die Ferien zu schicken. Meine verwöhnten Gartentiere dagegen bekommen sogar eine noch längere Pause, weil ich im Winter darauf verzichte, sie mit künstlichem Licht anzuregen. Sie dürfen mit der forcierten Höchstleistung also gleich für einige Monate aussetzen, was mir einen zusätzlichen

Frühlingsspaß einbringt: Sobald die Sonne endlich wieder höher steigt, warte ich nicht nur sehnsüchtig auf das erste Schneeglöckchen, sondern ebenso auf das erste Ei der Saison. Eine deutlich geschärfte Sicht der Dinge gibt es dabei gleich dazu: Plötzlich kann ich all die alten Oster- und Frühlingsbräuche rund ums Ei wirklich verstehen. Eier sind ein mindestens ebenso mächtiges Symbol des wiederkehrenden Lebens wie Sonne und Blumen. Dazu haben sie diese magische Dimension: der ganze Neubeginn, verpackt in eine perfekte Form. In Vor-Supermarkt-Zeiten muss das wirklich immer ein kleines Wunder gewesen sein – und dazu noch eins, das nach der öden Winterkost unvergleichlich gut schmeckte.

Mit meiner Vorfreude bin ich nicht allein. Auch die Hennen scheinen zu wissen, dass der Wiedereintritt in die Berufstätigkeit ein großes Ereignis in ihrem kleinen Leben bedeutet: Waren sie über Winter eher zurückgezogen, werden sie sie jetzt deutlich lebhafter und schmücken sich, wie es die Wildvögel zur Fortpflanzungszeit auch tun: Das frisch gewechselte, makellose Gefieder glänzt in der Frühlingssonne, Kamm und Kehllappen färben sich leuchtend rot. Besonders niedlich ist diese Verwandlung, wenn es auch noch ganz junge Hennen sind, die sich auf den ersten Legebeginn vorbereiten. Hier waren es diesmal die Neuzugänge Ida und Irmchen, die das Erwachsenwerden geradezu zelebrierten: Sie unterhielten sich lebhaft wie kichernde Teenager und begannen, im Team alle möglichen Brutplätze zu erkunden. Unmögliche auch: Klein-Irmchen führte die Suche nach dem idealen Ort irgendwann hoch ins Schuppenregal. Als sie sich dort probehalber drehte, begannen die gestapelten kleinen Plastikblumentöpfe bedrohlich zu wackeln. Irmchen flatterte eilig in Sicherheit, gefolgt von einer ganzen Topfkaskade, die dafür die unten wartende Ida voll erwischte. Mit einem doppelten, entsetzten »BAAAAK!« stoben die beiden davon wie kleine bunte Raketen – einer dieser Cartoon-Momente, für die man das Federvieh einfach lieben muss. Schließlich saßen sie dann aber doch in den richtigen Legenestern, formten mit Hin- und Herdrehen eine bequeme Mulde, zupften am Stroh herum und warfen sich tagelang mit – es lässt sich nicht anders sagen – wichtiger Miene Halme über den Rücken. Dann waren sie da, die allerersten Eier: cremeweiß von Ida, bräunlich von Irmchen. Ein derart großer Moment muss akustisch gewürdigt werden, das finden nicht nur die Jüngsten. Die älteren Hennen, halten das genauso, sobald sie mit dem Legen wieder einsetzen: Das ganze Viertel darf an ihrer Leistung Anteil nehmen. Beim großen Gegacker geben die Mädels wirklich alles, und das gern mal im Chor.

Sie sind ja auch entsprechend fleißig. Im Mai liegen

täglich so viele warme, handschmeichelnd glatte Eier in den Strohnestern, dass ich mir wie eine stolze urbane Selbstversorgerin vorkommen kann. Nur: Inzwischen wohnen hier elf tüchtige Hennen, und schnell quillt der Kühlschrank über. Genau deshalb schwingen sich viele Hühnerbesitzer um diese Jahreszeit zu ganz unerwarteter kulinarischer Kreativität auf: der Segen will frisch verbraucht sein, dann schmeckt er am besten. Zum Glück gibt es gerade Spargel und frischen Schnittlauch für zahlreiche köstliche Omeletts, und es gibt ganz neue Küchenerfahrungen: Kuchenteig von einem Goldgelb, das in seiner cremigen Intensität beinahe wie gefärbt aussieht. Dabei verdanken die Eidotter ihre intensive Farbe allein dem frischen Gartengrün. Eine dankbare Inspirationsquelle sind auch Urgroßmutters Kochbücher, in denen die Rezepte regelmäßig so beginnen: »Man nehme zwei Dutzend Eigelb und ein Pfund Butter…« Um eine Kuh allerdings möchte ich meine Menagerie dann doch nicht erweitern, die Hühner sind fleißig genug. So kriegen dann eben die Nachbarn ihren Teil von der großen Ausbeute ab. Was nur gerecht ist: das Gegacker teilen sie schließlich auch!

Der kleine Rätselhafte

Die erste Frage, die sich bei seinem Anblick stellt, wird wohl ewig unbeantwortet bleiben: Wo kommt der bloß wieder her?! Was sich rund ums Gartenjahr so alles unter Sträuchern, im Beet oder in Pflasterfugen einfindet, kann wirklich verblüffend sein, und das Rätsel der Herkunft lässt sich da selten lösen. Mit der zweiten Frage ist es einfacher: Wie kam er ausgerechnet zu mir? Das lässt sich immerhin erraten: Er dürfte per Ameise gereist sein, wie es viele Frühlingsblumen gerne tun. Und so stand irgendwann im April dieses Büschel hell blaugrüner Blättchen unter der Haselnuss. Es sah aus wie eine Kreuzung aus winziger Akelei und zartem Farnkraut, fiel mir zwar seiner aparten Niedlichkeit wegen auf, war aber bald wieder verschwunden und vergessen.

Bis im nächsten Frühjahr die erste Blüte verriet, wer sich da eingefunden hatte. Sie stand aufrecht, eine etwa zehn Zentimeter hohe, üppig purpurviolette Traube. Ein wenig ähnelten die Einzelblüten winzigen Löwenmäulchen, nur dass ihr Kelch offen war, mit einem lang ausgezogenen Sporn am Ende. Damit hatte sich der Neuzugang sozusagen in aller Form vorgestellt: Nach der Ähnlichkeit dieses Anhängsels mit der Hinterkralle einiger Lerchenarten heißt er Lerchensporn. Er ist eine einheimische Wildpflanze, ein Bewohner feuchter Laubwälder, in denen er üppige Teppiche bildet. Weshalb er ausgerechnet in die Mitte einer Stadt im trockenen Heidesand einwanderte, hat er dagegen wieder nicht erklärt. Am wahrscheinlichsten ist da der Umweg über irgendeinen Garten, auch wenn der unter Umständen lange her sein könnte. Der Lerchensporn wird nämlich nicht nur gern als halbwilder Frühjahrsblüher kultiviert, er ist auch eine sogenannte Stinsenpflanze, ein uralter Gartenflüchtling, der längst das Überleben in der freien Natur geschafft hat.

Kein Wunder: Das Pflänzchen mag zwar zierlich, geradezu hinfällig fragil wirken, doch in Wirklichkeit ist es ebenso zäh wie die meisten Frühlingsblüher. Wenn der Lerchensporn irgendwo erscheint, ist er gekommen, um zu bleiben, und zwar in möglichst zahlreicher Gesellschaft. Aus dem ersten winzigen Blattschopf wurde hier bald ein ganzer Teppich aufragender Blüten, ihr purpurnes Rosa wunderbar anzusehen in Kombination mit Veilchen und Zwiebelpflanzen. Es ist eine Pracht, die regelrecht aufzuschäumen scheint und sich dann genauso schnell verabschiedet, wie sie gekommen ist: Binnen weniger Tage verwelken die Blätter und fallen ab.

Unter ihnen in der Erde verbirgt sich das große Erfolgsrezept der kleinen Pflanze. Ich stieß darauf, als ich der Frühlings-Farbenpracht auch anderswo im Garten ein wenig nachhelfen und die ersten Büschel teilen wollte: Wird der Lerchensporn älter, verwandeln sich seine ursprünglich feinen Wurzeln in dicke, nährstoffspeichernde Knollen. Etwa in Walnussgröße zerfallen sie und bringen zwei Tochterknollen zur Welt, die im Innern der Mutter herangewachsen sind und so schnell für die Ausbreitung des Teppichs sorgen. Zusätzlich reisen noch die Samen oberirdisch, mit demselben Trick, der auch Veilchen zu so erfolgreichen Siedlern macht: Sie tragen ein leckeres Anhängsel, das Ameisen unwiderstehlich anzieht, und werden von diesen Gästen dann bequem von Ort zu Ort transportiert.

Aber da war noch etwas, ein drittes kleines Rätsel. Immer wenn ich – was man im Frühjahr regelmäßig tun sollte – niederkniete, um mir all die niedlichen Blumen genauer anzusehen, fiel mir auf, dass der Lerchensporn beschädigt war: Einige seiner lang ausgezogenen Blüten hatte Löcher, sahen aus wie am Ende angenagt. Die üblichen Verdächtigen, die ewig pickenden und scharrenden Hühner, hatten ein Alibi: Sie konnten nicht auf dieses Gartenstück. Aber wer sonst knabbert gezielt eine Giftpflanze an? Lerchensporn als entfernter Verwandter des Mohns ist nämlich tatsächlich toxisch, enthält

Alkaloide und wurde früher als Wurmkur und Brechmittel genutzt. Um eine so wenig appetitanregende Pflanze selbst ging es dem Angreifer wohl eher nicht. Blieb nur der Honig, den sie tief in ihrem Blütensporn verbirgt. Waren hier etwa Einbrecher am Werk gewesen, die sich den mühevollen Weg durch die längliche Blüte sparen wollten?

Ja und nein. Als Einbruchdiebstahl erwies sich das Lochknipsen tatsächlich, aber es gab mildernde Umstände: Es handelte sich um tierische Notwehr. Räuber waren nämlich, wie sich herausstellte, die dicken Hummelköniginnen, die schlicht nicht durch die zierliche Blüte passten. Sie hatten sich daher für den direkten Weg entschieden, knipsten kurzerhand ein Loch in den Sporn, bedienten sich am Honig und öffneten gleich auch eifrigen Nachfolgetätern den Weg: Die Bienen krabbelten ebenfalls von hinten an die Blüten, statt den vorgesehenen Weg zu nehmen. Verlierer war die arme Pflanze, deren raffiniertes Bestäubungssystem einfach umgangen worden war. Doch der ausgetrickste Lerchensporn weiß sich durchaus zu wehren: Er kontert mit Selbstbestäubung und kann so, allen diebischen Hautflüglern zum Trotz, auch seine nächste Generation per Ameise auf die Reise schicken. Am liebsten natürlich zu Gärtnern, die sich dann sehr wundern, wo diese Pflanze bloß wieder herkommt.

Doras Wunder

Mein Dorchen ist – pardon! – der Inbegriff eines dummen Huhns. Dafür kann die kleine Henne aber nichts, denn ihr wurde ein zweites Klischee zum Verhängnis, das sie perfekt verkörpert: Hübsch, aber doof. Dora nämlich ist bildschön, sanft gerundet und lackschwarz mit Silberkragen, was Hühner-Fachleute so passend »birkenfarbig« nennen. Also wuchs sie als Model mit sehr begrenztem Hühner-Horizont auf. Viel mehr als den Laufsteg, in ihrem Fall den Schaukäfig, lernte sie offenbar nicht kennen. Als sie nach einer großen Geflügelausstellung ihre Showkarriere beendete und hier einzog, stand sie fassungslos inmitten der großen, bunten Gartenhühner-Welt. So endete sie als Rangniederste der Hühnergruppe und schien damit völlig zufrieden: Hauptsache, sie konnte überall dabei sein, und das durfte sie bei den friedlichen dicken Damen. Bald erwies sich Dorchen nicht nur als meine mit Abstand beste Legehenne, sie war auch ungemein niedlich, wie sie so in ihrer eigenen kleinen Schussel-Welt durch den Garten tippelte, ihre Eier spontan irgendwo in der Botanik verteilte und hingeworfene Leckerbissen so lange mit schiefem Kopf und dem Ausdruck verblüfften Befremdens anstaunte, bis die anderen sie wegschnappten.

Und dann kam dieser scheußliche Wintertag, an dem Dora plötzlich den Schnabel nicht mehr schließen konnte. Wenige Tage später sah eine Gesichtshälfte beängstigend aus: dicke Schwellung unter dem Auge, und im Schnabelwinkel etwas, das aussah wie eine dunkle Wucherung. Weder Züchter noch Tierärztin konnten helfen, denn so etwas hatten sie auch noch nie gesehen. Wir rätselten hin und her: Hatte sich Dora beim Picken einen Rosendorn oder ein Holzsplitterchen eingerissen, und die Stelle entzündete sich? Oder war es irgendeine Geschwulst? Operabel war da nichts, also entschieden wir uns dafür, der kleinen Henne mit Antibiotika und Schmerzmitteln eine Chance zu geben: Vielleicht ließ sich die Schwellung wenigstens in einem Maß halten, dass sie das Huhn nicht weiter beeinträchtigte. Wenn nicht, wäre das Doras Ende. Und danach sah es aus: Das Ding wuchs unaufhaltsam weiter, die dicke Backe drückte bald aufs Auge. Dora erwies sich als musterhafte Patientin. Ich brauchte sie nicht einmal mit dem Eingeben von Medikamenten zu stressen, sie nahm ihre Tropfen jeden Morgen brav mit einem gekochten Eigelb. Dieses weiche Zusatzfutter hatte sie auch nötig, denn bald konnte sie, entstellt wie sie war, immer schlechter fressen. Eigentlich ein klarer Fall für Euthanasie. Doch mit derselben rührenden, leicht verhuschten Beharrlichkeit, mit der sie das ihr immer etwas rätselhafte Dasein meisterte, kämpfte Dora jetzt um ihr kleines Hühnerleben. Beutetiere wie Hühner zeigen Schwächen ohnehin erst im allerletzten Moment, aber Dora ging da noch weiter: Sie verkroch sich nicht, wie es kranke Tiere gern tun, sondern blieb munter und saß nach wie vor täglich mitten in der Hühner-Runde. Sie putzte sich wie alle anderen, obwohl ihr das mit ihrem blockierten Schnabel zunehmend schwerfiel. Fressen wurde immer mühsamer, doch auch damit kam sie zurecht: Sie verputzte Unmengen mürber Äpfel, und wenn sie kleine Körner nicht mehr aufpicken konnte, ging sie eben zum Legemehl, tauchte den Schnabel tief ein und bekam mit ihrer Hartnäckigkeit tatsächlich so viel Futter ab, dass sie nicht einmal abmagerte. Sogar ihr Gefieder blieb glatt und blank. Ich versuchte mehrmals vergeblich, die festsitzende Masse aus dem Schnabelwinkel zu bekommen, und hoffte trotzdem gegen alle Vernunft. Bis zu diesem schrecklichen Morgen, an dem die arme Henne den Schnabel kaum noch bewegen konnte. Ich sah sie mir an, als sähe ich sie zum ersten Mal: Doras Gesicht war halbseitig unförmig dick, das Auge so gut wie zugeschwollen, der Schnabel von einem schwarzen Klumpen grotesk aufgesperrt und ausgefüllt, die Zunge zur Seite weggedrückt. Fressen konnte sie nicht mehr. Es war vorbei – Zeit, das arme Tier zu erlösen.

Den ganzen Vormittag drückte ich mich schweren Herzens ums Telefon herum, und bevor ich die Tierärztin dann wirklich bestellte, wollte ich noch ein letztes Mal nach meiner unglücklichen Patientin sehen. Ich ging also mittags wieder in den Garten, fand Dora bei den anderen – und traute meinen Augen nicht. Der riesige schwarze Klumpen war verschwunden – abgefallen? – der Schnabel wieder halb geschlossen, und Dora putzte sich energisch, als wäre überhaupt nichts los. Ich konnte es einfach nicht fassen. Die Tierärztin ebenso wenig. Was dann geschah, war noch unglaublicher: Binnen zwei Wochen verschwand die gesamte riesige Schwellung, Doras Gesicht war nicht mehr das Geringste anzumerken, die kleine Henne war wieder gesund und blieb das auch. Erklären kann mir das niemand, und so habe ich mich entschlossen, das Happy End in allerletzter Sekunde als das anzunehmen, was es sogar im fiesen Februar auch mal geben muss: als ein Wunder hinter dem Haus.

Mein Baum für jede Jahreszeit

Die Winterlinde, *Tilia cordata,* war der Baum des Jahres 2016. Für mich ist sie, jenseits kurzlebiger Ehrungen, ein Baum für jede Jahreszeit. Ohne die Lindenreihe auf der anderen Seite unserer kleinen Straße wäre mein Grundstück höchstens halb so schön. Diese Bäume hoch über der Hecke sind ein wunderbarer optischer Abschluss für den Garten, und rund ums Jahr haben sie Neues zu bieten.

Am meisten freue ich mich immer auf diesen Frühlings-Feiertag, der in keinem Kalender steht. Er fällt auf Anfang Mai, und am schönsten wird er, wenn es vorher kräftig geregnet hat. Dann kann man regelrecht zusehen, wie sich in der feuchten Luft die kleinen hellgrünen Tüten aus den Lindenknospen zu drehen beginnen. Buchstäblich über Nacht, so schnell, dass man fast meint, das tausendfache »Plopp!« zu hören, haben sich die Blätter dann entfaltet – und die Welt ist anders geworden. Das Morgenlicht im Haus schimmert plötzlich sanftgrün, und wo mir gestern noch Gebäude, Autos und Mülltonnen unangenehm dicht in Sicht gerückt sind, strahlt jetzt nur noch diese helle, zarte Farbe. Im ersten Stock kann ich aus dem Fenster sehen und mir vorkommen wie im Wald. Kurz: Das Linden-Festival ist der Start in die schönste Gartensaison – endlich!

Ein spektakulärer Auftakt, doch ansonsten ist die Winterlinde ein Baum von eher zurückhaltender Eleganz. Sie ist nicht so tänzerisch kokett wie die Birken nebenan, nicht so massiv wie die Eichen um die Ecke – aber eben deutlich wandlungsfähiger. Und sie ist ein Paradoxon: Ausgerechnet der Baum mit dem winterlichen Namen bringt es fertig, den Sommer regelrecht zu verkörpern. Wenn die Lindenreihe blüht, ist ihr schwerer, süßer Duft ein perfektes Hochsommerparfum, ein fast greifbarer Überschwang, der wenigstens ein bisschen über das Ende der Rosenzeit hinwegtröstet. Nicht nur ich freue mich daran: Die Insekten sind verrückt auf den Lindenhonig – so sehr, dass hauptsächlich dieser Bäume wegen die Bienen bei mir einquartiert worden sind. Nach der großen Sommerparty nimmt sich die Linde dann eine Pause und beschirmt meine ganze Einfahrt wunderbar ruhig mit ihren überhängenden Ästen. Das Nachhausekommen gleicht dann dem Weg durch einen grünen Tunnel – perfekte Einstimmung auf den Garten dahinter.

Kein Wunder, dass die Linde seit jeher ein sehr populärer Baum ist, verewigt in unzähligen Sagen, Mythen und Märchen. Verliebte trafen sich gern unter ihren herzförmigen Blättern, und gepflanzt wurde sie überall, vom Dorfplatz bis hin zur Prachtallee in Berlin. Nur ausgerechnet einige meiner Nachbarn haben mit den grünen Sympathieträgern ein Problem: Im Gegensatz zu den totenstarren Koniferen darunter sind die Straßenbäume richtig lebendig, und das auch noch rund ums Jahr. Das ist nicht zu übersehen: Im Sommer sind eimerweise herabgefallene, honigklebrigen Blüten zusammenzufegen – eine Aufgabe, die mir regelmäßig mitleidige Kommentare von Passanten einbringt: »Das ist aber auch schlimm, wie die schmutzen!« Zum Saisonende schütten die Bäume die Straße mit den kleinen runden Samenkapseln zu, auf die die Waldmäuse so verrückt sind. Und als wäre dieser Einbruch des Ungezähmten ins Besenreine nicht schon schlimm genug: Im Herbst verwandelt sich die Reihe nicht nur in eine wunderbar hellgoldene Allee, sondern wirft anschließend auch – man höre und staune – Laub ab, und das reichlich. Für einige buchstäblich Befallene ein persönlicher Angriff, und angesichts der grimmig verbissenen Miene, mit der dann jedes Blättchen per Laubsauger gejagt und sogar noch mit dem Handfeger aus den Blauzypressen entfernt wird, erscheinen mir die in der Straße kolportierten Gerüchte durchaus glaubhaft: Mein uralter Vorbesitzer sei über »diese Sauerei« derart ergrimmt gewesen, dass er regelmäßig versucht habe, die missliebigen Bäume mit Salzsäure zu vergiften, und überhaupt hätten diese Linden über die Jahre so einiges an mysteriösen Flüssigkeiten abbekommen. Nur das Kurzerhand-Absägen eines der kleineren Bäume, das sei dann doch so teuer geworden, dass Attentate fürderhin unterbleiben.

Inzwischen sind die Bäume glücklicherweise so groß, dass da Ruhe herrscht, dafür droht die Gefahr von anderswo: Hier wird rundum gebaut, und schweres Gerät und malerisch überhängende Zweige sind leider nicht kompatibel. Klar, wer da verliert: Im letzten Herbst waren die Sägen da und die Bäume wurden gleich mal mehr als die Hälfte ihrer Kronen los. Jetzt stehen sie da wie ein Spalier verstörter Brokkoli, die übriggebliebenen Äste völlig lindenuntypisch steil gen Himmel gereckt. Zum ersten Mal sehe ich dem großen Frühlingserwachen mit weniger großer Freude entgegen: Meine geliebte Deckung ist gefallen, und die Restkronen stehen jetzt so hoch, dass es aus ist mit dem Waldfeeling mitten in der Stadt. Bleibt bloß zu hoffen, dass die Linden sich wieder halbwegs zurechtwachsen dürfen. Zeit dafür hätten sie, denn es heißt über die Winterlinde: »300 Jahre kommt sie, 300 Jahre steht sie, 300 Jahre vergeht sie«. Unsere Bäume sind erst ungefähr siebzig und sollten noch einiges vor sich haben – wenn keine Großbaustelle dazwischenkommt.

Diskrete Vögel

Seltsam, wie viele Geheimnisse ein kleines grünes Revier auch nach Jahren noch verbergen kann. Selbst dann, wenn man zumindest glaubt, genau hinzuschauen, sieht man oft kaum mehr als gar nichts. Ich zum Beispiel teile die Schwäche für Wildvögel mit vielen Gärtnern, entsprechend gern beobachte ich sie, freue mich, wenn sie zu Besuch kommen, hoffe, dass sie bleiben und richte ich mich daher möglichst weit nach ihren Wünschen. Was macht es schon, wenn wild wuchernde Heckenrosen und in die Saat schießende Pflanzen den Garten nicht perfekt durchgestylt erscheinen lassen? Den Vögeln nützt schon so ein vergleichsweise kleines Entgegenkommen, und ich finde Familie Dompfaff an den Löwenzahnsamen einfach dekorativer als makelloses Rasengrün.

So dachte ich also, wir hätten uns recht gut kennengelernt, die Gefiederten und ich. Und doch gibt es da Gäste, die zwar schon lange bei mir leben, die ich aber mit schöner Regelmäßigkeit übersehen habe. Bei den ersten Begegnungen habe ich nicht mal für einen Vogel gehalten, was da tief unten durch die Sträucher huschte, sondern für eine Maus. Da allerdings fliegende Mäuse doch eher selten sind, sah ich genauer hin und entdeckte etwas, das etwa aussah wie ein Spatz mit Identitätsproblemen: Knapp sperlingsgroß, braun mit grauem Kopf, markanten Rückenstrichen im Gefieder und dem schmalen Schnabel eines Gemischtfressers. Doch der keine Vogel saß nicht etwa mit dieser bestechenden Spatzenfrechheit schilpend ganz hoch oben, sondern schlüpfte flink und heimlich wie ein Zaunkönig tief unten durchs Gebüsch und war schnell wieder verschwunden. Es war eine Heckenbraunelle, *Prunella modularis*, eigentlich ein Bewohner niedriger Nadelholzbestände, und damit eines der wenigen Lebewesen, das dem Trend zur Konifere Positives abgewinnen kann: Sie ist ein ebenso häufiger wie heimlicher Gartenvogel geworden.

Natürlich war meine Neugier geweckt, aber leider biss ich bei den Neuankömmlingen auf Granit. Sie dachten überhaupt nicht dran, ihr Privatleben mit einer neugierigen Gärtnerin zu teilen. Mehr als ein sporadisches Vorbeihuschen oder einen kurzen Badebesuch am Teich sah ich nicht von ihnen. Nicht einmal Männchen und Weibchen konnte ich unterscheiden, die sind nämlich gleich gefärbt. So blieb mir nur mein Stapel alter Vogelbücher, und da wurde ich endlich fündig. Erstaunlich, wie viel Liebe und Mühe in Zeiten, in denen ein Stubenvogel alle elektronischen Medien ersetzte, auf die »liebliche Wissenschaft« der Vogelhaltung verwendet wurde, und auch die unscheinbare Heckenbraunelle hatte viele Fans: »Sie fressen sogleich, wenn man sie in die Stube setzt«, lobte 1840 ein Autor, »und thun so gewohnt, wie wenn sie schon lange dagewesen wären. Als sehr muntere Vögel lässt man sie frei herumlaufen, gibt ihnen zum Ausruhen und Schlafen ein Tannenbäumchen.« »Singt das ganze Jahr sehr fleißig ihr leises, doch angenehmes Liedchen«, stimmte sechzig Jahre später ein Standardwerk zu, »bald zutraulich und zahm.«

So zugänglich sie sich früher auch als Haustier gezeigt haben mag, draußen ist die Heckenbraunelle ein frustrierend diskreter Vogel. Vielleicht hat sie einigen Grund dazu. Ihr Privatleben nämlich ist, im Gegensatz zu ihrer äußeren Erscheinung, eher unorthodox und für Singvogelverhältnisse spektakulär: Sie setzt auf Polygamie. Beide Geschlechter besetzen Reviere, und wenn sich deren Grenzen überlappen, kommt es vor, dass nicht nur ein Männchen mehrere Partnerinnen hat, sondern auch, dass ein Weibchen sich mit mehreren Männchen verpaart. Es soll sogar vorkommen, dass ein dominantes Paar seine Brut mit Hilfe rangniedriger männlicher Singles großzieht.

Gefiedertes Patchwork also, quasi direkt unter unseren Wohnzimmerfenstern? In so eine Brutbiologie, die selbst Fachleute als »komplex« bezeichnen, hätte ich natürlich nur zu gerne mal meine neugierige Gärtnernase gesteckt, oder wenigstens einen Blick in ein Nest mit den leuchtend türkisen Eiern geworfen. Als also die Braunellen wieder hoch in den Bäumen zu singen begannen, bewaffnete ich mich mit einem Fernglas, spähte intensiv die Umgebung aus und versuchte geflissentlich, die irritierten Blicke von Passanten zu ignorieren, die vermutlich noch weit irritierter ausgefallen wären, wenn ich mich als Heckenbraunellen-Voyeur geoutet hätte. Die Ergebnisse jedoch blieben mager: Die kleinen Vögel wahrten ihre Intimsphäre erfolgreich. Ich hörte sie täglich singen, ich sah sie später sogar, waagerecht flatternd wie übergewichtige Kolibris, die Blattläuse von meinen Rosen sammeln. Sie fütterten also eifrig – aber wo sie ihr Nest hatten, oder gar, wer sich da nun mit wem verpaart hatte, fand ich nicht heraus. Bis auf weiteres bleiben die täuschend unauffälligen Vögelchen also ein fliegendes Gartengeheimnis. Immerhin sah ich sie mehrmals ausgeflogene Junge versorgen. Das ist doch ein Anfang, und spät im Jahr müssen sie sogar mit einer zweiten Brut Erfolg gehabt haben: Unter den Opfern einer Nachbarskatze war noch Anfang September eine junge Heckenbraunelle.

Das große Fressen

Rosenduft, Tageslicht ohne Ende, rote Erdbeeren und flammender Mohn: Was einen schönen Juni zum Monat aller Monate macht, ist dieser Überschwang, wohin man auch schaut. So ist es nur logisch, dass *die* Gartenparty der Saison hier rund um Mittsommer stattfindet. Gastgeberin geworden bin ich da eher unabsichtlich: Meine Süßkirsche ist mir buchstäblich weit über den Kopf gewachsen. Als ich einzog, war sie noch ein eher mickriges Gehölz, dem das jahrelange Zusammenleben mit einem rabiat sägefreudigen Vorbesitzer sichtbar zugesetzt hatte. Die Blüte war spärlich, Früchte gab es überhaupt nicht. Was sich nach einigen Jahren des Kompostfütterns grundlegend änderte: Die dicken, glänzenden, dunklen Kirschen wurden das absolute Highlight der Sommersaison, damals noch leicht zu ernten und von sensationellem Geschmack. Und sie waren noch lange nicht alles, was mein erholter Hausbaum nun zu bieten hatte: Die ersten Maitage prunkte die Kirsche mit einem bezaubernden, schaumigen Blütenrausch, und auch zum Saisonende gab sie optisch noch einmal alles: ihre satte dunkelgoldene Herbstfärbung ließ den ganzen kleinen Hof noch einmal richtig strahlen.

Jedoch – erfahrenere Gärtner werden es längst ahnen – all diese Pracht trug schon den Keim kommenden Ungemachs in sich. Um so schön zu werden, musste mein Kirschbaum gewaltig wachsen. Genau das tat er, und der kleine Hof wuchs natürlich nicht mit. Längst müssen wir den Baum regelmäßig beschneiden, was er erstaunlich kooperativ mitmacht, so, als wisse er, dass es für ihn um Sein oder Nichtsein geht. Nur mit dem Kirschenpflücken ist es leider aus, jedenfalls für mich. Die Früchte wären nur noch für risikofreudige Hochseilartisten erreichbar. Stattdessen vergammelt nun regelmäßig eine Traumernte am Ast, gemeinerweise aus dem ersten Stock scheinbar zum Greifen nahe. Irgendwann fällt alles dann als Schimmelklumpen zu Boden. Das ist eine solche wochenlange Sauerei direkt über der Terrasse, dass ich mir schon fluchend gewünscht habe, meinen hochgeschätzten Hausbaum doch einfach kastrieren und zur Zierpflanze machen zu können: Blüten ja, Früchte bitte nicht mehr.

Doch in den letzten Jahren fand sich da eine andere Lösung: die sommerliche Riesenparty, sobald sich die Früchte röten. Sie startet im Morgengrauen und endet mit dem letzten Tageslicht, wenn nicht nachts noch die Marder kommen, die süßes Obst ebenfalls zu schätzen wissen. Alles, was laufen und fliegen kann, scheint sich einzufinden: Elster und Eichelhäher, Krähen und ganze Möwenschwärme, Amseln, Eichhörnchen, Meisen, Mönchsgrasmücken, Tauben und Spechte, Spatzen, Finken und Grünlinge – sie alle wollen nur das eine: das saftige reife Obst. Leider picken die vom Überfluss verwöhnten Gäste die Früchte meist nur einmal an, lassen sie dann fallen und widmen sich der nächsten prallen Kirsche. Am fiesesten sind da die vielen fetten Ringeltauben, die die ganze Umgebung überdies auch noch freigebig mit den Überresten ihrer regen Verdauung bedenken – in einem leuchtenden, auf den Terrakottafliesen besonders farbechten Rotviolett. Der Saft spritzt, der Boden ist glitschig von all den Kirschenresten, über die sich Igel und Mäuse enorm freuen. Die widerlichen schwarzen Fliegen leider auch – aber selbst die locken noch willkommenere Gäste an: Hornissen kommen gerne vorbei, um sich die fetten Brocken abzugreifen.

Es geht zu wie bei der sprichwörtlichen Schlacht am kalten Buffet: Alle hauen sich hemmungslos voll, und vor lauter Gier gibt es dauernd Stunk. Am Baum hängen unzählige Früchte, aber die Meisen wollen genau die haben, für die sie erst zeternd und flügelschlagend die Mönchsgrasmücken verscheuchen müssen. Die Elster geht gezielt aufs fressende Eichhörnchen los, und das attackiert dann wie in einer Kettenreaktion ärgerlich die pickenden Meisen. Auch Gäste, die sich generell nicht benehmen können, fehlen nicht: Die Waldmäuse, normalerweise verrückt auf Kirschkerne, halten sich angesichts des Überangebots plötzlich lieber an die Krokuszwiebeln. Und eines der Eichhörnchen hatte sich ausgerechnet auf meine ersten, kostbaren Shiitake-Pilze spezialisiert. Die kniff es sich möglichst jung ab und futterte sie dann entspannt hoch oben im Kirschbaum, mit süßem Nachtisch gleich in Reichweite. Uneingeschränkte Freude ist es dagegen, zu sehen, wie der von mir ständig zusammengeharkte Matsch am Boden den völlig abgekämpften Amsel- und Singdrosseleltern Arbeit erspart: Die locken ihre schon fast flügge, aber permanent »HUNGÄÄÄ!« schreiende Brut einfach in die Nähe des Fruchtbreis, stopfen dann bequem die Gierhälse derart voll, dass selbst diesen kleinen Fressmaschinen das Betteln vergeht, und haben auch mal Ruhe für ein schnelles Bad und die dringend nötige Gefiederpflege.

Es macht schon Spaß, das Zusehen, aber der Dreck ist auch nicht ganz ohne, vom unterschwelligen Frust, bei dieser Völlerei als einzige leer auszugehen, mal ganz abgesehen. Daher weiß ich auch nie so genau, ob ich mir nun ein üppiges oder lieber ein karges Süßkirschenjahr wünschen soll. Vielleicht ganz gut, dass wir Gärtner darauf keinen Einfluss haben!

Huhnstage

Die Hundstage, die heißeste Zeit im Jahr, verdanken ihren Namen dem Sternbild Großer Hund mit seinem hellsten Planeten Sirius. Dessen Kraft und die der Sonne sollen es sein, die im letzten Julidrittel für die größte Sommerhitze sorgen. Ob das stimmt? Einmal sind die Hundstage hier in Norddeutschland allzu oft eine Zeit erstaunlich unsommerlichen Mistwetters. Zum anderen hat es mir immer Spaß gemacht zu glauben, dass sie ihren Namen eigentlich doch eher dem Haushund verdanken könnten. Machen sie ihrem Ruf nämlich Ehre, erweisen sich viele Vierbeiner als geradezu erstaunlich sonnenaffin und verbringen ganze Tage mit langgestrecktem Dösen – eben Hundstage pur. So hätte ich eigentlich nicht gedacht, dass so ein Inbegriff von Sommergenuss passender verkörpert werden kann – bis die Hühner einzogen. Seither überlege ich ernsthaft, ob man nicht besser von »Huhnstagen« sprechen sollte?

Während nämlich die Botanik nach der Frühsommerparty schon deutlich nachgibt, glänzen die Gefiederten um so mehr. An strategisch günstig gewählten

Stellen im Garten – nicht zu schattig, aber auch nicht zu heiß – leuchtet buntes Gefieder in der Sonne, räkeln sich gelbe Beine, liegen die Vögel selbstvergessen und zufrieden in ihren Sandkuhlen. Ein Anblick wie gemalt, wenn das kleine Irmchen den Flügel über dem graziös weggestreckten gelben Bein entfaltet wie einen kostbaren Fächer, jede silberweiße Feder akkurat schwarz gesäumt. Minnie zeigt dasselbe Muster auf kastanienfarbenem Untergrund, dazu die Goldgelben, die Gestreiften, Stahlblau und käfergrün schillerndes Schwarz – allesamt sehen sie so verlockend hübsch aus, dass es mir geradezu in den Fingern juckt, ihnen schnell mal übers blanke Gefieder zu streichen. Hühner fassen sich nämlich sogar noch angenehmer an als Hund, Katz & Co, so warm und seidenglatt sind sie. Nur: Sie mögen nicht angefasst werden, jedenfalls meine nicht.

Bei vorsichtigen Annäherungsversuchen abends auf der Stange, die ich mir nicht immer verkneifen kann, ernte ich nur ein Wegrücken samt pikiertem »Gock!«, das sich leicht übersetzen lässt: »Wir sind Vögel, du grabbelnder Primat, also behalt deine Finger gefälligst bei dir!« So gilt für die lebenden Sommerkunstwerke: Hinsehen muss reichen. Und manchmal reicht es einem wirklich: Dann nämlich, wenn die Tiere sich derart verrenken – Kopf in unmöglichem Winkel nach hinten, Augen geschlossen, Federn gesträubt, Beine starr in der Luft –, dass sie einem buchstäblich einen Todesschrecken einjagen können. Zum Glück geht es ihnen aber blendend, sie sind nur regelrecht weggetreten vor lauter Genuss, völlig hingegeben ans Hier und Jetzt – befinden sich also genau in dem Zustand, der einem hochsommerlichen Gartentag angemessen ist.

Derart hingebungsvoll zelebrierte Körperpflege ist nicht nur Höhepunkt eines jeden Hühnertages, sie ist ein Muss für die Vögel, wenn sie gesund bleiben sollen, nicht nur Wellness, sondern auch Parasitenbekämpfung, denn dem Sonnen- geht meist ein Staubbad voraus: Mit ihren kräftigen Krallen scharren sich die Tiere die typischen Kuhlen in lockere Erde, legen sich darin auf die Seite, schlagen mit den Flügeln und strampeln sich den Staub ins Gefieder, dass die Wölkchen nur so durch den Garten ziehen. Diesem »Einseifen« folgt das genüssliche Dösen, den Körper in einer Weise der Wärme zugekehrt, die die Reptilienahnen deutlich verrät. Hat der Vogel genug Staub und Sonne getankt, steht er auf, schüttelt sich energisch und beginnt mit dem letzten wichtigen Teil des täglichen Rituals: dem ausgiebigen Putzen. Auch das erledigen die geselligen Tiere grundsätzlich in der Gruppe, und sie nehmen sich alle Zeit der Welt dafür: Während sie entspannt glucksend und gurrend Hühnerneuigkeiten austauschen, wird Feder um Feder durch den Schnabel gezogen und mit dem fettigen Sekret der Bürzeldrüse imprägniert, bis das ganze Kleid glänzt wie frisch poliert und allen Herausforderungen des Wetters und des Hühnertages gewachsen ist.

Es ist ein geradezu meditativer sommerlicher Gartenspaß, sich nach draußen zu setzen und den dicken Damen beim Chillen zuzusehen. So viel Hingabe an einen schönen Tag steckt einfach an, und nicht nur ich weiß das Sommerfeeling zu schätzen. Die Spatzen baden genauso gerne im Sand, haben aber nicht die Kraft, sich selbst so schöne tiefe Wannen anzulegen. Da kommen ihnen die Hühnerplätze gerade recht, und die graubraunen Minis lassen ebenfalls den Staub nur so fliegen. Was den kleinen Sauberkeitsfanatikern dann ja auch die ungerechte Bezeichnung »Dreckspatz« eingetragen hat. Ganz ungetrübt ist die Freude da nicht, denn natürlich transportieren die wilden Gäste reichlich Parasiten im Gefieder. Darauf muss ich bei den Hühnern dann schon ein wachsames Auge haben, aber die uralte ländliche Koexistenz zwischen Huhn und Spatz ist viel zu niedlich anzusehen, als dass ich mich ernsthaft ärgern würde. Es ist schließlich Hochsommer, Hundstage – Zeit zum Entspannen!

Die Clematis-Katastrophe

Ist das nun ein Beispiel für »Hochmut kommt vor den Fall«? Aber hochmütig war ich ja eigentlich nicht, nur so unglaublich stolz auf meine große, üppige Clematis-Pracht. Nie haben mich die geliebten Waldreben im Stich gelassen. Mochte der Sommer verregnen, mochten die Rosen jämmerlich verpilzen und die Königslilien braun dahinschmelzen, auf die Clematis war immer Verlass. Zusammen mit zwei Kletterrosen bedeckten sie die ganze westliche Hauswand, purpurrot, violett, hellblau, ein Blütenmeer, im Mittelpunkt die eigentlich so »gewöhnliche«, aber dabei doch so hinreißenden Etoile Violette. In mehr als fünfzehn Jahren war diese robuste, kleinblütige Viticella zu einem absoluten Prachtstück herangewachsen. Eingerahmt von der vergissmeinnichtfarbenen »Perle d'Azur« bedeckte ihre Pracht mehrere Quadratmeter, Stern an Stern in tiefem Samtblau. Ein traumhafter Sommerabendhimmel, in Blüten eingefangen. Und, das vielleicht Beste daran: ein so fitter Traum, dass er jeder Realität gewachsen schien. Zwar hatten die großen Clematis regelmäßig ein bisschen

Phnoma-Welke nach der Blüte, was aber nur bedeutete, dass die unteren Blätter durch Pilzbefall braun wurden. Das störte im Herbst nicht weiter und beeinflusste die Blüte des nächsten Jahres nicht.

Da gibt es Schlimmeres: die so gefürchtete Fusarium-Welke, die vor der Blüte große Partien bis hin zur gesamten Pflanze absterben lässt und mir in einem früheren Garten dermaßen Kummer gemacht hatte, dass ich mich fast nicht wieder an Waldreben gewagt hätte. Dass wir hier davon verschont blieben, lag natürlich vor allem daran, dass ich wohlweislich robustere Sorten gewählt hatte: vor allem die kleinblütigen Viticellas gelten als resistent. Aber auch der Spruch eines sehr erfolgreichen alten Clematisgärtners klang mir jederzeit im Ohr: »Clematiswelke bedeutet nur: ›zu faul zum Gießen‹.« Das war ich eben nicht, sondern schleppte Unmengen Wasser und war entsprechend stolz auf den Erfolg. Also doch ein bisschen Hochmut im Spiel?

Übermut auf jeden Fall: Nachdem alles mehr als fünfzehn Jahre so prima gegangen war, erfror mir eine »Perle d'Azur«. Das Nachbestellen ging dann nach dem in Gärtnerkreisen nur zu beliebten Motto: »Wenn schon, denn schon!« Inzwischen nämlich waren einige Kletterrosen an ihren Pergolen so richtig durchgestartet, und schrien regelrecht nach Clematis-Begleitung. Ich tobte mich also richtig aus: eine tief dunkelrote »Niobe« Ton in Ton zur violetten Rose »Veilchenblau«, während der prächtigen kupferfarbenen »Albertine« doch sicher ein Kontrapunkt in Dunkelblau stehen würde? Hellblau zur rosa Essigrose, kleinblütiges Weiß zum alten Apfelbaum – und so weiter. Was kam, war ein Riesenpaket Zukunftsträume, schöne, kräftige kleine Pflanzen, vorsichtshalber dort gekauft, wo ausdrücklich Clematis »aus welkefreiem Bestand« angeboten wurden. Alles wuchs, von mir kräftig gegossen, bestens an, und als zum Sommer die ersten Knospen kamen, sah ich in meiner Begeisterung schon buchstäblich Sterne, bunt und überall. Bis eines Tages, natürlich kurz vor der Blüte, die erste der neuen Pflanzen einfach umkippte. Abends noch fröhlich gen Himmel strebend, hing die großblumige Blaue am Morgen wie ein schlapper Bindfaden an ihrer Rose. Das war doch nicht etwa…?

Doch. Sie war es: Wir hatten uns, wie auch immer, die gefürchtete Fusarium-Welke eingefangen, den pilzbedingten blitzschnellen Kollaps. Auch wenn ich fortan panisch die Schere desinfizierte und alles Verwelkte nur im Ofen entsorgte – es war zu spät. Eine nach der anderen kippten meine kleinen Zugänge um, und, viel, viel schlimmer noch: die großen Alteingesessenen erwischte es als nächstes. Der bitterste Tag dieses Garten-Gaus war der, an dem »Etoile Violette« in großen Teilen schlappmachte. Anfang Juli stand ich fassungslos vor den Unmengen hängender Knospen: Das *konnte* sie mir doch nicht antun! Sie war doch resistent! Aber da hing sie, während die rote »Madame Julia Correvon« nebenan tatsächlich ungerührt weiterblühte. Meine Sommerpracht schwand in dem Maße, in dem meine Ratlosigkeit wuchs: Alle rausschmeißen und neu anpflanzen? Damit war ich ja gerade grandios gescheitert. Klagend mein Haupt verhüllen und in Zukunft ganz auf die Waldreben verzichten? Undenkbar, zumal sie mein Revier eigentlich ebenso lieben wie ich sie. Die, die noch leben, sorgsam weiterpflegen und darauf hoffen, dass sie sich im Laufe der Zeit erholen, zumal der Pilz ja nur die oberirdischen Pflanzenteile befällt? Dazu die Lücken mit denen füllen, die sich hier als wirklich robust erwiesen haben, auch wenn das die Auswahl sehr einschränkt? Darauf läuft es wohl hinaus, zumal einige Pflanzen trotz Kollaps im Vorjahr neu ausgetrieben und sich wieder halbwegs zurechtgewachsen haben. Etoile gehört leider nicht dazu, mein ehemaliger Superstar ist nur noch ein Schatten ihrer selbst. Ein deprimierendes, vielleicht letztes Kapitel von etwas, das als lange Erfolgsgeschichte begann. Bis ich eben übermütig wurde. Oder war es einfach Pech? Ich weiß es nicht, aber wenn ich jetzt die Reste der einst so vitalen Lianen umhege und auf die Zeit und ein kleines Wunder hoffe, kommt mir oft ein anderes Sprichwort in den Sinn: »Never change a running system« – ändere nie etwas, das richtig gut läuft…

Showdown bei Schwüle

Eins gleich vorweg: Ja, ich liebe sie immer noch. Die Bienenkönigin und ihre vielen tausend Töchter sind längst ein unverzichtbarer Teil unseres kleinen Garten-Universums geworden. Nicht nur wegen ihrer Nützlichkeit, sondern auch, weil sie so ein ausgesprochen freundliches, sozialverträgliches Völkchen sind, dass es einfach Spaß macht, mit ihnen zu leben.

Stechfähige Insekten sind mir eigentlich latent unheimlich, ein Unbehagen, das sich im Kontakt mit ein paar ziemlich militanten Wespenvölkern nicht gebessert hat. Trotzdem klappt das Zusammenleben mit den Leih-Bienen bestens, weil sie sich als so vertrauensbildend friedlich erwiesen haben, dass man sie einfach mögen muss: Selbst wenn der Imker den Kasten aufmacht, kann ich ungeschützt dabei sein und bewundern, was aussieht wie ein krabbelnder brauner Pelz auf den wächsernen Waben. Längst stehe ich auch sonst gerne in Stocknähe und sehe den Arbeiterinnen zu, wie sie eifrig ein- und ausfliegen, oft gepudert von Blütenstaub, ihre Höschen an den Hinterbeinen dick bepackt mit Pollen in den verschiedensten Schattierungen von Beige, Gelb und Orange. Normalerweise ignorieren die Bienen mich vollständig, wird ihnen meine Neugier doch einmal zuviel, lassen sie mich das unmissverständlich wissen, bevor sie wirklich angreifen: Statt in ihrem üblichen, eher lässig wirkenden Flug kommen dann eine oder mehrere Wächterinnen pfeilgerade und schnell genau in Kopfhöhe auf mich zu. Ein unmissverständliches: »Hau ab, oder…!« Dann weiß ich genau, dass es an der Zeit ist, mich diskret zurückzuziehen und die fleißigen Mädels in Ruhe zu lassen.

Also alles paradiesisch im Revier? Eigentlich ja. Mit einer Ausnahme: An drückend heißen, womöglich noch schwülen Tagen können die Bienen ihr Verhalten dramatisch ändern. Vor allem vor Gewittern reagieren die sonst so toleranten Insekten plötzlich nervös, gereizt und überaus verteidigungsbereit. Dr. Jekyll und Mr. Hyde im Hinterhof: Da werden aus harmlosen Arbeiterinnen blitzschnell bösartige kleine Kamikaze-Torpedos – allerdings selbst in diesem Fall nur dann, wenn man ihnen wirklich zu nahe kommt. Das habe ich gleich am Anfang auf die harte Tour gelernt: Wegen der Sommerhitze frisch geduscht und heftig nach einem schicken Duschgel riechend, was die Bienen zusätzlich provozierte, wollte ich nur mal kurz ins Gewächshaus direkt am Stock – und hatte eine Biene im Haar und einen Stich im

Hals, bevor ich überhaupt Böses geahnt hatte. Aus Schaden klug geworden, umgehe ich die Geflügelten an solchen Tagen jetzt etwas weiträumiger, und alles ist gut. Bis zu jenem sommerlich schwülen Frühlingsabend.

Am Vorabend, während die Bienen schon schliefen, hatte ich rund um den Kasten wieder einmal den Giersch ausgebuddelt, der in üblicher Fülle aus dem Nachbargarten vorbeischaute. Entsprechend stolz stand ich jetzt vor dem Werk meiner dreckigen Hände und überlegte mir, ob ich auf den verlockend leeren Platz nicht doch noch eine klitzekleine Kletterrose quetschen könnte. Dabei fiel mein Auge auf ein letztes, winziges Gierschblatt, das sich geradezu provozierend aus der braunen Erde reckte, direkt vor dem Einflugloch des Bienenkastens. Ein schneller Blick verriet mir, dass da schon abendliche Ruhe herrschte, die Bienen also nicht mehr flogen. Ich trat näher, dann ganz nahe, hockte mich hin, zog am Giersch – und hatte plötzlich ein schrilles, giftiges Summen ganz dicht am Ohr: Eine sehr späte Spätheimkehrerin hatte den Einflug versperrt gefunden, hing jetzt in meinen Haaren und produzierte in ihrer Panik das, was Imker so treffend als »Stechton« bezeichnen. Und als ob das nicht gereicht hätte, quoll prompt eine ganze Bande Bienen aus dem Einflugloch, entschlossen, ihrer so hörbar bedrohten Kameradin zur Hilfe zu eilen.

Verblüffend, wie flink man in Krisensituationen reagieren kann: Ich war nicht nur in Rekordzeit auf den Beinen und sprintete, verfolgt von wütenden Bienen, hauswärts, irgendwie schaffte ich es auch noch, mir dabei das T-Shirt über den Kopf zu reißen und in den Garten zu pfeffern. Die Terrassentür erreichte ich tatsächlich mit leichtem Vorsprung, und als ich mir im Badezimmer hysterisch die Haare auskämmte, kam eine ebenso hysterische Biene zum Vorschein, die unverzüglich zur nächsten Attacke überging. Auch diese Runde »Mensch gegen Hautflügler« ging glatt an die Biene: Ich floh, so schnell ich nur konnte. Ein Slapstick, der jedem Zuschauer ungetrübtes Vergnügen bereitet hätte. Ich dagegen zitterte am ganzen Körper, während ich aus dem Fenster zusah, wie eine erstaunliche Anzahl von Bienen aus meinem T-Shirt krabbelte und noch einige Zeit gereizt darüber kreiste, bevor sie sich stockwärts verzogen. Alles gutgegangen, erstaunlicherweise – aber es ist schon überraschend, wie viel Adrenalin man mit diesem fiesen »Ich stech gleich zu«-Geräusch direkt am Kopf ausschütten kann. Und dass der Garten an einem so sommerlich lauen, idyllischen Abend ein unverhofftes Überlebenstraining zu bieten hat, hat mir auch keiner vorher erzählt.

Rot sehen – aber richtig

Sie ist eine der Schönsten der Schönen, und manchmal auch ihrem Diven-Status entsprechend kapriziös. Dass sich »Tuscany«, die uralte Gallica-Rose, über mehr als fünfhundert Jahre als Gartenfavoritin gehalten hat, verdankt sie vor allem ihrer wundervollen Farbe: einem samtigen, tiefen Dunkelrot, abgetönt mit Schattierungen zwischen Kastanie und Purpur, akzentuiert von goldgelben Staubfäden in der Mitte. Jede Blüte ein in sich vollendeter kleiner Solitär.

Und genau da liegt ein Problem: Ein Solitär ist schwer zu vergesellschaften. Was passt zu so einer einmaligen Schattierung, was passt überhaupt zu Rot? Die auffallendste aller Farben hat alle Gartentrends überstanden: Mal ist sie in, mal ist sie out, aber da ist sie immer. Sie kann für vieles stehen: für Überschwang und Melancholie, wie beim flammenden Mohn mit seinem schwarzen Kreuz in der Mitte, für Sinnlichkeit und Fülle, wie bei einer üppig duftenden roten Rose, für biedere Lebensfreude wie bei einer knallig leuchtenden Geranie. Nur für Langeweile steht sie nie. Die Dosis ist da das Entscheidende: Zuviel Rot erdrückt, zu wenig wird langweilig. Schon das Spiel mit dieser Herausforderung ist immer eine Gartensünde wert, und so macht es durchaus Spaß, auch einmal alle delikate Balance zu vernachlässigen und die leuchtenden Blüten ungezügelt gegeneinander antreten zu lassen. »Meine Geranien müssen kämpfen«, amüsierte sich etwa der britische Autor Beverley Nichols, »ihre Farbgegensätze müssen hart aufeinanderprallen, sie müssen ihre blütenblättrigen Argumente in ewigen Debatten austragen, und damit das geschieht, müssen alle Arten Rot vertreten sein: Scharlachrot muss gegen Magenta stehen, Kirschrot mit Ziegelrot streiten, Karmin mit Rotbraun.«

Mit Geranien ist so etwas natürlich ein risikoloses Vergnügen: Töpfe lassen sich verschieben, im eigenen Revier ist sowieso erlaubt, was gefällt, und geht es richtig schief, kommt immer die nächste Saison. Bei Rosen sieht das schon anders aus: an deren Gesellschaft möchte ich mich dauerhaft freuen, und da wären mir ruppige optische Prügeleien dann doch zu heftig. Ein passendes kleines Gefolge für die stolze Tuscany findet sich noch vergleichsweise leicht, ja kommt manchmal sogar von selbst: Bei uns hatten sich ein paar Pastinakensämlinge unter den dichten Rosenbusch verkrochen, und als sie schüchtern ihre Blütenteller durch die Zweige schoben, erwies sich, dass ihr Grüngelb wie bestellt mit der gelben Mitte der Tuscany-Blüten harmonierte. Ein Kranz wildwuchernder Nachtviolen in weiß und violett mit seiner überschäumenden, an Rüschen erinnernden Pracht kaschiert viel vom doch etwas langweiligen, mattgrünen Rosenstrauch, hebt die Farbe der Blüten dafür umso wirkungsvoller hervor. Zusätzliches Plus: Nachtviolen beginnen abends genau dann zu duften, wenn Tuscany damit aufhört. Ein paar Zierlauch-Bälle tun ein Übriges, um die dunklen Rosenblüten geheimnisvoll leuchten zu lassen.

Soweit alles schick. Was meinem Prachtstück aber fehlte, war eine sozusagen gleichberechtigte Partnerin: eine zu ihr passende andere Rose. Die Traumkandidatin sollte eine Kletterrose sein, die, statt sich in einer neutralen, zarten Farbe zurückzuhalten, genau Tuscanys bestechend tiefen Rotton aufgreifen und an der Pergola in die Höhe tragen sollte. Der erste Versuch ging gründlich schief: »Guinee«, die prachtvolle Schwarzrote, die auf Bildern so wunderbar ausgesehen hatte, lebte nicht mal bis zur ersten Blüte. Der Aristokratin fehlte schlicht die Kraft, hier im wildwuchernden Dschungel richtig durchzustarten. Nach Guinees demoralisierendem Hinscheiden zögerte ich lange, es nochmal versuchen. Bis ich dann im Internet an einer Rosen-Kritik hängenblieb: »Viel zu bräunlich und zu dunkel!«. Gemeint war »Hiawatha«, ein kleinblütiger, einfach blühender roter

Rambler mit weißem Auge. Mit den angegebenen drei bis fünf Metern Höhe gehört er eher zu den Zierlichen seiner Gattung, wurde 1904 gezüchtet, und seine offizielle Farbbezeichnung lautet »purpurrot«. Das Foto stimmte, einen Versuch war es wert, also zog Hiawatha ein, kämpfte sich tapfer ans Licht und setzte im zweiten Jahr kleine Knospen an.

Es gibt kaum etwas Spannenderes, als auf die Blüten zu warten, mit denen sich eine unbekannte Rose vorstellt, und als sich die Knospen endlich öffneten, hielt ich beinahe den Atem an: Würde sie nun zu »Tuscany« passen – oder würde sie nicht…? Die Antwort lautete: Sowohl als auch. Die frisch geöffneten Blüten waren tatsächlich so harmonisch dunkel, wie ich gehofft hatte, allein: So blieben sie nicht. Binnen kurzer Zeit begannen sie heftig ins Rosarote zu spielen und erinnerten plötzlich unangenehm an ihren knalligen Elternteil »Crimson Rambler«, bevor sie sich im Verblühen violett verfärbten. Kündigen mag ich Hiawatha trotzdem nicht, weil sie eigentlich recht niedlich ist, und so hoffe ich nun notgedrungen, dass die Damen einander optisch nicht allzusehr anzicken werden. Sonst sehe ich hier allmählich wirklich Rot…

Der lange Abschied

Hühner im Garten sind ein großes Vergnügen, aber über eines muss man sich klar sein: Sie werden nicht alt. Die vor allem durchs Internet geisternden fünfzehn Jahre Lebenserwartung sind blanker Unsinn. Fünf Jahre schafft ein Huhn ungefähr, mit Glück vielleicht auch mal sieben oder acht – und die ganz wenigen Tiere, die noch älter werden, entsprechen menschlichen Hundertjährigen. Meine gefiederten Gartenfreundinnen sind also, obwohl scheinbar eben erst eingezogen, schon wieder richtig alte Damen. Ich weiß, dass schmerzliche Abschiede da nahe und unumgänglich sind, aber dass es Loki und Lottchen zuerst erwischte, war dann doch ein großer Schock. Ausgerechnet die Streifenschwestern, die sich in vier Jahren tief in mein Herz geschmuggelt hatten – einfach, weil die Zwillinge, unterscheidbar nur an der Farbe des Schnabels, so unglaublich drollig waren: Rotzfrech, immer vorneweg und nicht nur bei jeder Gartenarbeit eifrig dabei, sondern auch regelmäßige Hausbesucherinnen, um dem entsetzten Terrier Erbse beim Abstauben Konkurrenz zu machen. Ganz besonders niedlich war ihre enge Verbundenheit: Selten war das Doppelpack Streifen mehr als zehn Zentimeter voneinander entfernt, und die Bewegungen der einen Schwester schienen die der anderen regelrecht zu spiegeln. Nachts schliefen sie in so enger Tuchfühlung, dass kaum zu erkennen war, wo das eine Schwarzweiß aufhörte und das andere anfing, und oft legte eine sogar den Flügel über die andere wie eine hudernde Henne.

Bis sich die beiden, wohl von den vielen Tauben rundum, einen schweren Pilzbefall von Rachen, Hals und Kropf einfingen. Behandlung nicht besonders erfolgversprechend, aber ein Versuch sollte schon sein. Loki und Lottchen übernachteten fortan im Käfig in der Küche, bekamen abends reichliche Extrarationen und morgens vor dem Rauslassen ihre Medikamente. Was leichter klingt als es war: Mit Futter ließen sie sich nicht austricksen, also musste ich mit nur zwei Händen 1.) ein flatterndes und strampelndes, erstaunlich kräftiges dreipfündiges Huhn stillhalten, ihm 2.) Kopf und Hals derart fixieren, dass es sich nicht in Abwehr verletzen konnte, um ihm 3.) den Schnabel zu öffnen und 4.) per Pille und Spritze die erforderlichen Medikamente zu verabreichen, ohne dass es sich dabei verschluckte. Selbst wenn ich die wild protestierende Patientin in ein Handtuch wickelte, um beide Hände freizuhaben, blieb diese Prozedur für beide Seiten hochgradig entnervend. Komischerweise nahmen mir die Hennen die morgendlichen Ringkämpfe nicht übel. Im Gegenteil: Warm zu übernachten und mit Leckerbissen verwöhnt zu werden, schien ihnen offenbar so attraktiv, dass die Streifenschwestern nach einer Woche nicht mehr mit den anderen in den Stall gingen, sondern sich abends pünktlich einfanden, um im Duo erwartungsvoll durch die Haustür zu spähen. Öffnete ich die Tür, tippelten sie dicht nebeneinander schnurstracks in die Küche: »Ist schon serviert?« Ich muss wohl kaum erwähnen, dass das derart niedlich war, dass mir die kleinen, koboldhaften Gäste gleich noch ein Stück mehr ans Herz wuchsen. So sehr, dass ich ein paar Tage brauchte, um mir einzugestehen, was unübersehbar war: Während Lotta sich zusehends erholte, würde Loki es nicht schaffen. Sie konnte immer schlechter schlucken, schwand dahin, und da ein Verhungern unter Schmerzen keine Option war, wurde sie schließlich eingeschläfert.

»Zeigen Sie sie unbedingt ihrer Schwester, damit die weiß, dass sie tot ist«, riet die Tierärztin, und obwohl ich da eher skeptisch war – können Hühner wirklich derartige Schlüsse ziehen? – legte ich Loki zum Abschied in den Auslauf. Die Herde hielt mit langen Hälsen und argwöhnischen Geräuschen Abstand, nur Lotta kam sofort an – erkannte sie das vertraute gestreifte

Federkleid? – und umkreiste ihre tote Schwester immer wieder mit schiefgelegtem Kopf. Ich hätte gern gewusst, was in ihr vorging. Ihre Reaktion jedenfalls war dramatisch: Die sonst so gesellige Henne sonderte sich völlig von den anderen ab und lief nervös durchs Revier. Am Abend stand sie allein vor der Haustür, wo das Duo täglich gewartet hatte. Das konnte noch Gewohnheit sein, aber am nächsten Morgen war sie wieder da und blieb einfach sitzen. Durfte sie ins Haus, pickte Lotta, unglaublich für diese kleine Fressmaschine, nur zerstreut am Extrafutter, umkreiste die Küche, lief dann hinaus und nahm ihre einsame Wache wieder auf. Was tat sie da? Suchte sie die vertraute Gefährtin? Verstand sie, dass die Schwester, die so sehr ein Teil von ihr gewesen war, niemals wiederkommen würde? Trauerte sie gar? Ihre kleine Hühnerwelt war jedenfalls unübersehbar aus den Fugen, und dass ein normalerweise so unsentimentaler und angeblich so dummer Vogel darauf derart heftig reagieren kann, fand ich fast noch bedrückender als den Abschied von Loki. Den hatte ich doch wenigstens noch verstehen können – aber was in aller Welt macht man mit einem trauernden Hühnchen vor der Haustür?

Erlebnisgastronomie

Nur um Missverständnissen von Anfang an vorzubeugen: diese meine gärtnerische Blödheit ist natürlich NICHT zur Nachahmung gedacht! Nicht umsonst ist das Drüsige oder Indische Springkraut, einst als Zierpflanze aus dem Himalaya eingeführt, längst so etwas wie ein Top-Outlaw der Pflanzenwelt, ein in der Natur absolut unerwünschter Neophyt. Mit ihm im Garten zusammenzuleben, ist also alles andere als eine gute Idee. Eine meiner Freundinnen, vor vielen Jahren ebenfalls begeisterte Gartenanfängerin, sah das damals irgendwie anders und verhalf meinem Revier heimlich zu einer Handvoll Samen dieser wunderschönen, rosablühenden Pflanze, von der sie selbst so begeistert war. Sie war dabei rücksichtsvoll genug, das Springkraut nicht in ein bewohntes Beet zu bringen, sondern in die letzte, trockene Ecke vor den Nachbarsfichten. Was da austrieb, wurde nicht einmal kniehoch, vegetierte unbeachtet dahin und wäre ebenso unbeachtet verschwunden, hätte es nicht doch geschafft, ein paar Samen an eine ideale Stelle zu bekommen: unter den großen Kirschbaum. Dort pflanzte ich nach und nach einen Ring aus Himbeeren, Lunarien, Nachtviolen und Akeleien über vielen frühblühenden Zwiebelpflanzen. Dazu gesellte sich, täuschend schüchtern, aber wie gerufen, das Springkraut. Es schloss die Saison mit seiner attraktiven, fast orchideenähnlichen Blüte und der leuchtendgelben Herbstfarbe seiner Blätter perfekt ab. Die Insekten waren begeistert, und für ein Unkraut mit derart fiesem Ruf war mein bisschen Springkraut auf engbegrenzter Fläche erstaunlich einfach zu managen.

Impatiens glandulifera hat nämlich Giersch, Winde, Knöterich und ähnlich unerfreulichen Kollegen eines voraus: Es ist als junge Pflanze leicht zu jäten, besonders bei Feuchtigkeit, und verrottet dann ebenso problemlos auf dem Kompost. Vorsichtshalber knipste ich später die meisten Samenstände ab, bevor sie reif waren, und entsorgte sie per Kaminofen. So fiel es mir leicht, die Anzahl meiner potentiellen Eroberer alljährlich streng zu beschränken. Auch der Standort war wie gemacht für eine Pflanze, die sozusagen unter ewigen Bewährungsauflagen leben muss: nicht allzu fruchtbar durch die dicken Baumwurzeln, dazu nahezu ebenso kräftige Konkurrenz in wuchernden Lunarien, und das ganze, kleine Revier von einem Sperrriegel gemähtem Grases umgeben. Von den sieben Metern, die das Springkraut angeblich seine Samen schleudern kann, konnte hier keine Rede sein – selten genug, dass ich im Frühjahr mal ein Pflänzchen mehr als zwei Meter von der Ursprungsstelle fand.

So wäre es wohl völlig unspektakulär weitergegangen, wenn nicht die Hühner eingezogen wären. Im ersten Herbst mit den Geflügelten las ich in einem Kräuterbuch, dass die Samen des ansonsten leicht giftigen Springkrauts nicht nur bekömmlich seien, sondern auch nach Walnüssen schmecken würden. Das musste ich natürlich wissen, ließ also die Samen stehen, und tatsächlich: Es stimmt. Sie schmecken angenehm nussig. Die ewig neugierigen Hühner beobachteten mich beim Verkosten mit langgezogenen Hälsen und fragendem »Gaack?« – und was ich lecker fand, musste für sie doch erst recht delikat sein? Ich hielt ihnen also die halbreifen weißen Körnchen hin, die sie sofort begeistert wegpickten. Die cleveren Vögel benötigten dann nur erstaunlich kurze Zeit, um herauszufinden, woher so schmackhafte Extras kamen, und prompt herrschte unter dem Kirschbaum tagelanger Slapstick. Die sonst so behäbigen Hennen hopsten hoch wie puschelige Bälle auf Sprungfedern, pickten die dicken Schoten an und verfolgten die in alle Richtungen explodierenden Samen mit einer Behändigkeit, die ich ihnen gar nicht zugetraut hätte. Sogar Terrier Erbse beteiligte sich an dem Spaß: Sie gönnt den Hühnern grundsätzlich nichts, und die nussigen Körnchen fand sie offenbar ebenfalls lecker. Das Ergebnis war mal wieder Comic pur: Erlebnisgastronomie für alle Haustiere. Erbse stand auf den Hinterbeinen und zog die Pflanzen herab, die Hühner erledigten den Rest. Ein Riesenspaß, auch wenn mir beim Zusehen allmählich doch ein bisschen mulmig wurde: Die Hühner pickten nämlich nicht nur, sie kratzten auch, und darunter hatte nicht nur der Lunarienjungwuchs erheblich zu leiden. Sie bereiteten da auch gerade ein wunderschön krümeliges Saatbeet für jedes davongekommene Springkrautkörnchen …

Und natürlich: Mein pflanzlicher Knacki hatte nur auf diese Chance gewartet, um endlich mal zu zeigen, was er wirklich konnte. Trotz des großen Fressens stand das Springkraut im nächsten Frühjahr Kopf an Kopf, dicht wie Kresse. Gott sei Dank fast nur unter dem Kirschbaum – große Sprünge hatte es wieder nicht geschafft. Doch auch so kostete es mich Stunden, den unerwünschten Segen wieder aufs gewünscht knappe Maß auszudünnen. Das gärtnerische Selbstmitleid, dem ich mich beim ständigen Gierschbuddeln so gerne hingebe, hab ich mir in diesem Fall allerdings tunlichst verkniffen: Es ist ja nicht so, dass ich da nicht vielfach gewarnt gewesen wäre – aber ich überlege jetzt doch, meinem pflanzlichen Outlaw die Bewährungsauflagen erheblich zu verschärfen.

Idylle pur?

Bienen im Garten sind so in, inner geht's nicht. So scheint es jedenfalls, sobald man Gedrucktes aufschlägt: Überall summt und brummt es in Hochglanz, überall wird das Lob der kleinen Hautflügler gesungen. Daher glaubte ich schon genau zu wissen, was uns erwartete, als Königin Regina 59. (getauft nach der winzigen Nummerntafel vom Züchter) und ihre unzähligen Töchter bei uns einzogen: Freundliche Insekten an meinen bienenkompatiblen Blüten, Sommerstimmung pur plus heile Welt plus ein bisschen honigsüßer Belohnung für die Gastfreundschaft. Kurz: die pure Idylle.

Allein – so kam es nicht. Freundlich waren Reginas Mädels tatsächlich, so sehr, dass sie selbst in unserem engen, dichtbevölkerten Revier in keiner Weise unangenehm auffielen. Dummerweise fielen sie aber auch sonst nicht auf, vor allen an den Blüten nicht. Die Hummeln arbeiteten im Akkord, von den Bienen keine Spur. »Die müssen sich erst einfliegen«, hatte mich der Imker im Frühjahr beruhigt. »Die müssen doch nicht im Garten bleiben, die finden so viel anderes«, hieß es später.

Aber komisch war das schon, zumal die Bienen sehr viel spärlicher flogen, als ich mir das vorgestellt hatte, und irgendwie – mir fällt kein anderes Wort ein – auch sehr viel ungeschickter. Sie kreisten ewig in Kastennähe, bevor sie sich zögernd entfernten, sie landeten oft weitab von Einflugloch und krabbelten ewig, bis sie den Eingang fanden. Pollen schienen sie auch selten zu tragen. »Es ist eben noch ein kleines Volk« sagte der Imker beim Kontrollieren, wunderte sich aber langsam auch, dass die Bienen außer für den eigenen Nachwuchs kaum Honig produzierten. Selbst die riesigen, pollenstrotzenden Sonnenblumen interessierten sie nicht. Oder fanden sie sie einfach nicht? Reginas Sippe war geradewegs aus dem Raps zu uns gekommen. Hatten sich die Mädels in der Feldmark einen Schuss Pestizide eingefangen und benahmen sich deshalb so seltsam orientierungslos, war's das miese Wetter – oder hatte ich einfach eine Bande bienischer Minderleister erwischt? Wir konnten nur spekulieren.

Nun kann ich es ohnehin nicht besonders leiden, wenn sich »meine« Viecher nicht wohlzufühlen scheinen, aber richtig Sorgen machte ich mir dann, als sich August zu den willkommenen auch noch ungebetene Gäste einstellten: Die Wespen kamen. Offenbar angelockt durch den süßen Geruch versuchten die Gestreiften immer wieder, durchs Einflugloch in den Kasten zu schlüpfen, scheiterten aber an den pflichtbewussten Wächterbienen. Es folgten heftige Gerangel, mal mehrere Bienen gegen eine Wespe, mal umgekehrt. Dabei schien die Sommerkälte den Angreifern zur Hilfe zu kommen: Sie wirkten bei den niedrigen Temperaturen wesentlich fitter als die Bienen. Es gab Tote vor der Stocktür, und dann gab es diesen gruseligen Augustabend. Alles war schon ruhig, aber eine einzelne Spätheimkehrerin flog noch im Bogen auf den Eingang zu. Plötzlich schien von oben ein gestreifter Pfeil in die arglose Biene einzuschlagen: eine Wespe packte zu. Beide gingen zu Boden, ein kurzes Gerangel, dann war die Biene tot. Blitzschnell knipste ihr die Wespe Kopf und Hinterleib ab und verschwand mit dem dicken Bruststück heimwärts, während ich schaudernd zurückblieb. Heile Welt hatte ich erwartet, und was hatte ich bekommen? Killerkommandos im Hinterhof! Dass nämlich dieser Überfall kein Zufall, sondern clevere Taktik war, zeigte sich schnell: Bienen, die kurz vor dem Schlafengehen einzeln zurückkehrten, endeten regelmäßig als Wespenfutter. Die Natur, meinte der Imker achselzuckend, und natürlich hatte er da Recht.

Aber meine Anfänger-Phantasie lief inzwischen im Schnellvorlauf. Längst hatte ich in Internet-Imkerforen gelesen, dass Wespen tatsächlich eine Gefahr für ganze Bienenvölker darstellen können, dass sie, wenn die Abwehr nicht stark genug ist, in Massen in den Stock eindringen und schwache Völker schwer schädigen können. Und – hatten wir hier nicht ein schwaches Volk? Na also! Schon sah ich Regina von gestreiften Usurpatoren entthront und ihre Töchter verscheucht oder gefressen. Jede Wespe, die gierig um den Kasten schwirrte – und es schwirrten so einige – heizte meine Sorgen weiter an. Schließlich nervte ich so lange, bis der Imker, wenn auch augenrollend, nachsah. Und: alles war gut. Reginas Mädel hatten es geschafft, die Angreifer draußen zu halten. Fortan konnte ich den Insektenschlachten mit mehr Ruhe zusehen – auch wenn das ständige Gemetzel nicht ganz das war, was ich mir unter Bienenidylle vorgestellt hatte.

Auf die musste ich dann noch bis zum nächsten Frühjahr warten, aber dann wurde ich belohnt: Gut gefüttert durch den Winter gekommen, war das Volk nicht wiederzuerkennen: Die Bienen flogen jetzt eifrig in Massen und schlugen schon bei den ersten Krokussen dermaßen zu, dass sie mit ihren Pollenpäckchen kaum noch abheben konnten. Alles prima, nur manchmal ärgert es mich doch, dass ich nicht weiß, was bei dem schwachen Start im letzten Sommer eigentlich mit ihnen los war. In der großen, weiten Welt der Bienen gibt es offenbar noch eine Menge zu lernen!

Triffid geht fremd

Er ist einer meiner ältesten Gartenbewohner, aber wie genau er aussehen wird, weiß ich trotzdem nie vorab. Gerade das ist der Spaß mit ihm: Triffid hat als Rätsel begonnen, und er wird wohl auch als Rätsel enden. Am Anfang stand eine Verwechslung: Auf dem Wochenmarkt erstand ich zwei schöne, besonders kräftige Zuccinipflanzen für ein kompostgefülltes Fass – nur um verblüfft zu erleben, dass sie ihr Zuhause umgehend per Ranke verließen, um zu einem Eroberungszug durchs neue Revier aufzubrechen. Was da eingezogen war, waren eindeutig Kürbisse, und zwar, wie sich später herausstellte, sogar noch zwei verschiedene: die eine trug runde Früchte, die andere Keulen wie eine orangefarbene Zuccini. Nachfrage auf dem Markt ergab zwar, dass da mehrere Kisten Setzlinge vertauscht worden waren, aber Näheres wusste der Händler auch nicht, außer, dass die Kürbisse wohl »aus Italien« gestammt hätten. Inzwischen konnte man den Ranken beim Wachsen buchstäblich zusehen, und so bastelte ich ihnen, weil der Platz unten nicht reichte, Gestelle aus dicken Haselnussstangen und lenkte sie in die Höhe. Das ließen sie sich nicht zweimal sagen, und schnell kratzten die ersten Riesenblätter am Hausdach. So viel Expansionsdrang war schon fast ein bisschen unheimlich und trug dem vitalen Unbekannten prompt den Namen »Triffid« ein, nach der legendären menschenfressenden Science-Fiction-Pflanze. Oft amüsierten wir uns damit, uns auszumalen, was der wohl anrichten könne, wenn er nur wolle … aber zum Glück blieb der dicke Bursche immer friedlich.

Natürlich setzte ich den Spaß mit selbstgesammelten Samen fort, Sommer für Sommer. Triffid bekam die erste Pergola im Garten, nachdem er eindrucksvoll vorgeführt hatte, dass Kürbisblüte und -frucht viel zu schade für ein halbverborgenes Bodenleben sind. An einer Kletterpflanze bieten die leuchtend gelben Riesensterne dafür einen um so dekorativeren Anblick. Und die Früchte erst! Kürbisse hoch in der Luft sind an sich schon spektakulär, und, noch erstaunlicher, die Pflanze passt sich der Situation an. Sie verhärtet und verstärkt die Ranken um die Fruchtansätze derart, dass sie die dicken Kugeln aus eigener Kraft oben halten kann. Neuneinhalb Kilo wog mein bisher schwerster freihängender Kürbis, und zugegeben: einen Haken gibt es da: Das Ernten solcher Brocken mit Leiter und Rosenschere ist ein Gartenerlebnis ganz eigener Art und kann einen dem Darwin-Award, der Auszeichnung für die denkbar dämlichste Selbstentleibung, gefährlich nahe bringen.

Meinetwegen hätte es immer so weitergehen können. Ging es aber nicht. Nach einigen Jahren Nachzucht ebbte Triffids spektakuläres Wachstum ab. Die Ranken, die sich früher auch gern noch in die Nachbargärten aufgemacht hatten, wurden kaum noch länger als drei Meter, und die Sorten hatten sich offenbar vermischt. Zwar hatte ich aus den runden und den länglichen Früchten immer getrennt Samen eingesät, aber was sich da durchsetzte, war natürlich Glückssache. Das hätte mich nicht weiter gestört, wenn es mir nicht eines ärgerlichen Oktobertages die Kürbissuppe dramatisch vermiest hätte: Statt des gewohnten samtigen Nussgeschmacks war sie gallebitter, was bei Kürbissen heißt: giftig. Kein Zweifel: Mein Triffid war fremdgegangen – und zwar heftig. Das Erbgut irgendeiner ungenießbaren Ziersorte hatte uns per Biene einen Streich gespielt, und ein »back to the roots« gab es leider nicht: Triffid ist, trotz Hilfe einiger Experten, nie enttarnt worden, ich konnte also kein Original-Saatgut nachkaufen. Sollte ich nun den nicht mehr essbaren Kürbis ausrangieren oder einfach als Zierpflanze behalten?

Genaugenommen hatte ich an der überschwänglichen Pracht dieser Riesenpflanze ohnehin mehr Spaß als am praktischen Nutzen, also blieb er. Und wenn schon, denn schon: In der nächsten Saison kaufte ich eine Kürbispflanze mit gestreiften Früchten dazu, und prompt fand sich das aparte Muster ein Jahr darauf bei Triffids Früchten wieder. So spielten wir von Saison zu Saison weiter: Mal waren die Früchte rund, mal lang oder oval, mal einfarbig orange, mal grün oder gestreift. Die Überraschungs-Kürbispracht blieb immer buchstäblich ein Höhepunkt im Garten. Bis zum letzten Sommer. Da verweigerten einige der Jungpflanzen hartnäckig den üblichen Aufstieg und trieben massenhaft Blätter, aber keine Ranken. Des Rätsels Lösung präsentierten sie im Herbst mit Früchten, die verdächtig nach Zuccini aussahen. Natürlich – die hatte ich ebenfalls im Topf gezogen, ohne daran zu denken, dass ja auch sie Kürbisse sind, und die ganze Sippschaft hatte sich mit Insektenhilfe ausgiebig miteinander vergnügt. Eigentlich hätte dieser Fehltritt das Ende von Triffid bedeutet. Aber nach fünfzehn Jahren trennt man sich nicht so leicht, und so habe ich es diese Saison einfach mal andersrum versucht und neben meine eher mickerig wirkenden Setzlinge einen dicken »Gelben Zentner« gesetzt. Mal sehen, was das Erbgut dieses Kürbis-Giganten ausrichten kann – Triffid ist schließlich immer für eine Überraschung gut!

Königsmord im Hinterhof?

Ist es nicht verblüffend, wie abenteuerlich das Gärtnern werden kann? Jetzt hat mich dieser Inbegriff eines angeblich so entspannenden Hobbys sogar in die Nähe zu einem altertümlichen Verbrechen gebracht, das ich längst im Dämmer der Geschichte versunken wähnte: Regicide, zu deutsch Königsmord. Dabei war alles genau andersherum gemeint gewesen, nämlich als Personenschutz für Regina die Neunundfünfzigste, die Souveränin meiner Besuchsbienen. Ihnen allen wollte der Imker die Varroamilbe vom Pelz halten, einen der fiesesten Bienenschädlinge überhaupt. Diese winzige, achtbeinige Widerlichkeit, nach Deutschland 1977 ironischerweise von Bienenwissenschaftlern eingeschleppt, kann ganze Völker so schwer schädigen, dass sie als einer der Verursacher des rätselhaften Bienensterbens gilt.

Die Milbe befällt hauptsächlich die Drohnen, also die männliche Brut, und dass der Imker die regelmäßig ausschneidet, bedeutet hier den Hühnerfeiertag schlechthin. Die sonst so behäbigen Hennen rennen den Waben um die Wette entgegen und verschlingen die fetten weißen Larven mit einer Gier, die nur allzu deutlich von ihrem Raubsauriererbe zeugt. Leider ist die weitere Varroabekämpfung lange nicht so vergnüglich, sondern eher anrüchig: Ameisensäure soll den Parasiten den Garaus machen, doch wenn dabei Dosierung oder Temperatur nicht genau stimmen, kann es durchaus auch die Bienen erwischen. Nun bin ich ohnehin mit einer gewissen Neigung ausgestattet, Katastrophen im Schnellvorlauf zu sehen, und entsprechend misstrauisch beobachtete ich, wie der Imker ein stechend stinkendes Schwammtuch in Reginas Reich platzierte. Doch alles schien gutzugehen. Jedenfalls so lange, bis ich ein paar Stunden später bei offenem Fenster im Haus saß und merkte, dass ich schon seit einiger Zeit ein komisches Geräusch aus dem Garten hörte. Es klang, als würde weit entfernt eine Turbine gestartet, ein schwirrendes, anschwellendes Summen. Summen?! So schnell war ich selten erst am Fenster und dann im Garten – und tatsächlich: Es waren die Bienen. Die ganze Ecke stank widerlich nach Ameisensäure, und die Konsequenzen, die die kleinen Hautflügler daraus zogen, waren drastisch, aber nachvollziehbar: Sie hauten ab. Außen am Kasten klebte bereits ein Bienenball, der schnell immer größer wurde.

Genau so etwas hatte mir in meiner Gärtnerkarriere noch gefehlt: Da stand ich, mit Insekten nicht wirklich innig verbunden, allein mit einem konfusen, verärgerten Bienenschwarm in meinem Revier. Ich hatte weder irgendwelche Schutzkleidung noch eine Ahnung davon, wie ich den ganzen Hofstaat jetzt aufhalten sollte. Dafür aber einen Höllenrespekt vor dem brummenden Insektenklumpen. Der schien munterer, als mir geheuer war, aber wie schlecht ging es den Kolleginnen im Kasten? Musste ich den jetzt schleunigst aufmachen, um für frische Luft zu sorgen? Wie viele Stiche würde ich dafür kassieren? Wenn ich nichts tat, wann würde der Schwarm auf Nimmerwiedersehen abheben? Würde ich Regina und ihr Gefolge verlieren, bevor ich noch ihren Besitzer erreichen konnte?

Um es kurz zu machen: Erstmal hatten wir Glück. Der Imker hatte Mittagspause und war in Rekordzeit zur Stelle. Rechtzeitig, um entsetzt auf ein Massaker zu blicken: statt erlegter Varroamilben lagen unten im Kasten reichlich tote Bienen. Der größte Teil des Volkes lebte aber noch und ließ sich schließlich per Bürste überreden, ins gründlich gelüftete Zuhause zurückzukehren. Da blieben sie dann auch. Es schien, als hätte das Volk den ebenso gutgemeinten wie verhängnisvollen Anschlag noch einmal glimpflich überstanden.

Aber hatte es wirklich? Lebte die Königin noch, oder hatten wir es hier mit einem Fall von vollendetem Regicide zu tun? War die Monarchin der Überdosis

Ameisensäure zum Opfer gefallen, war ihr Volk um diese Jahreszeit zum Untergang verdammt. Ob Regina irgendwo in dem kribbelnden braunen Gewimmel gewesen war, hatte sich natürlich in all der Aufregung nicht feststellen lassen. Ausnahmsweise war ich hier die Optimistische: Um was sollte sich ein Schwarm gebildet haben, wenn nicht um seine kostbare Majestät? Der Imker, verunsichert durch das ungewollte Massaker, war sich da nicht so sicher. Es folgten sorgenvolle Wochen. Die Bienen flogen bald wieder brav, aber: Was nützte ihnen das, wenn Regina wirklich nicht mehr am Leben war? Da gibt es eine Klopfprobe: Lebt die Königin, sollen die Bienen auf ein Anklopfen am Kasten nur kurz aufsummen, fehlt sie, ist das Geräusch länger anhaltend. Unsere taten weder noch. Sie blieben einfach stumm, so hoffnungsvoll ich den ganzen Herbst über auch klopfte. Also doch – Königsmord im Hinterhof?

Der Krimi löste sich erst im darauffolgenden Frühjahr: Die ersten winzigen Eier der Saison zeugten davon, dass Regina tatsächlich noch am Leben war und ihren Pflichten nachging. Wir waren noch einmal davongekommen, und meine Erleichterung war da gleich mehrfach: So gern ich die Bienen inzwischen im Garten habe, so froh bin ich auch immer wieder, nicht für sie verantwortlich zu sein. Es hat eindeutig was, nicht jeden Anfängerfehler selbst begehen zu müssen!

Die Nackte auf der Einfahrt

Die alte Dame platzte fast vor gerechter Empörung. Sie hatte an meiner Gartenpforte Sturm geklingelt, und sobald ich aus der Tür kam, ging es los: »Was denken Sie sich dabei ... Tierquälerei ... grausam ... anzeigen!!« Ich stand leicht fassungslos unter dem wütenden Wortschwall – aber nur so lange, bis ein anklagend gereckter Zeigefinger auf meine Einfahrt deutete. Da wetzte gerade, erschrocken aufgackernd ob der plötzlichen Randale, etwas Graubraunes auf großen gelben Saurierfüßen eilig ins nächste Gebüsch. Alles klar: Es war Dora. Die kleine Henne hatte sich ihre Siesta schon wieder mitten auf der Einfahrt, in voller Sicht von der Straße gegönnt – und zwar halbnackt. Dora mauserte kräftig, und Hennen können dann einen Anblick bieten, der jedem Konsumenten von Tierschutz-Videos vertraut ist: nackte Hautflecken, wohin man schaut, bei einem schwarzen Huhn wie Dora auch noch in gruselig bläulichem Blassgrau. Dazwischen lückenhafte, staubfarbene Daunen und ein paar letzte, gern auch einzeln aufragende Federn. Der Inbegriff der geschundenen Kreatur aus der Hühnerhölle. Wenn sich ein derartiges Jammerbild dann auch noch hingebungsvoll in der warmen Herbstsonne aalt, tut es das in genau der Weise, mit der die Hühner einen immer wieder fürchterlich erschrecken können: platt auf der Seite liegend, ein Bein und einen Flügel ausgestreckt, die Augen genüsslich geschlossen. Präsentiert sich so eine kleine Elendsgestalt mitten in der Innenstadt, ist der Stress für die Besitzerin offenbar vorprogrammiert. Besorgte Anfragen gibt es hier allherbstlich genug: Was tun Sie Ihren Tieren an?! Was fehlt ihnen bloß, diesen armen, kranken Geschöpfen?

Natürlich fehlt ihnen gar nichts, von den Federn einmal abgesehen. Im Gegenteil: Je schneller und dramatischer anzusehen die Mauser verläuft, desto fitter ist das Huhn. Aber, und das ist das Verrückte: die meisten besorgten Passanten wissen nicht einmal mehr, dass ein Vogel alljährlich sein abgenutztes Federkleid wechseln muss. Hühner sind im alltäglichen Lebensumfeld Exoten geworden, und eine Mauser gibt es auch beim Biobauern nur noch sehr selten zu sehen. Rekapitulieren wir also noch einmal die biologischen Grundtatsachen: Alljährlich nach der Brutzeit wechseln alle Vögel das verbrauchte Gefieder. Das ist der Moment, wenn es im Garten plötzlich still wird und überall kleine Federchen liegen. Der frühsommerliche Gesang hört auf, Amsel,

Drossel, Fink und Star verbergen sich in den Büschen und konzentrieren all ihre Kraft aufs Umziehen. Auch eine Legehenne mausert regelmäßig, meist später im Jahr, im Herbst. Während dieser Zeit, die ungefähr sechs Wochen dauert, gibt es keine Eier, und ihre Legeorgane erholen sich von den Anstrengungen der unnatürlichen Dauerproduktion. Nach überstandenem Federwechsel, dem oft noch eine Winterpause folgt, beginnt dann die neue Legeperiode der wieder schmucken und ausgeruhten Henne – eben bis zur nächsten Mauser. Soweit die Theorie. Die Praxis sieht völlig anders aus: Welcher kommerzielle Hennenhalter kann es sich heute noch leisten, seinen vielen Tieren ein langes Nichtstun zu finanzieren, zumal die Eierproduktion von Saison zu Saison nachlässt? Für die moderne Hochleistungshenne bedeutet der Federwechsel daher das Todesurteil: Sie ist genetisch darauf programmiert, in der ersten Legeperiode ein Maximum an Eiern auszuschütten. Kommt dann die erste Mauser, wird sie ersetzt. Sie ist erst anderthalb Jahre alt und nur noch Abfall.

Rassehühner, die nicht derart auf Selbstzerstörung durch frühe Höchstleistung gezüchtet sind, können erheblich länger legen, dürfen das oft auch, und so sieht man ein mauserndes Huhn fast nur noch in privaten Haltungen. Alle Federn auf einmal zu erneuern, bedeutet eine anstrengende Zeit für die Vögel. Sie brauchen hochwertiges Futter, werden trotzdem blass im Gesicht, krankheitsanfällig, verlieren oft den Rang in der Herde und halten sich in diesem verwundbaren Zustand meist ebenso verborgen wie ihre wilden Kollegen. Nur eben meine Dora nicht, die ihre Nackt-Sonnenbäder am liebsten mitten auf der Einfahrt nahm. Die kleine Exhibitionistin brachte mir damit so viele besorgte und anklagende Nachfragen ein, dass ich schon ein Schild am Zaun erwog: »Dem Huhn fehlt nichts. Es zieht sich gerade um!« Wir waren wohl beide gleichermaßen erleichtert, als die Federkiele schnell wieder zu sprießen begannen und auf das Igel-Stadium bald ein schickes, samtschwarzes neues Kleid folgte. Und: wir hatten mit dem Besuch der alten Dame noch Glück gehabt. Einem Bekannten brachte seine unbefangen im Vorgarten mausernde Hühnerbande massiven Ärger ein. Das Veterinäramt rückte zu einer hochoffiziellen Kontrolle der »tierquälerischen Haltung« an. Zwar war das der Amtstierärztin ziemlich peinlich, aber kommen müssen hatte sie eben doch: Besorgte Nachbarn hatten den Hühnerhalter angezeigt, und zwar – ich schwöre, das ist wahr! – wegen »Lebendrupf«.

Krokusse für Königinnen

Das Tolle an neuer Gartengesellschaft: Sie bringt immer auch einen neuen Blickwinkel mit. Seit die Bienen hier zu Gast sind, sehe ich bei all dem sommerlichen Gesumme sehr viel genauer hin und weiß jetzt, dass ich letzte Saison zusätzlich zu den Bienen vier verschiedene Hummelarten zu Besuch hatte. Inzwischen habe ich auch gelernt, dass sich die brummenden Pelzkugeln von ihrer Bienenverwandtschaft deutlich unterscheiden. Anders als die Bienen überleben Hummeln zum Beispiel den Winter nicht als ganzes Volk. Stattdessen begibt sich die befruchtete Königin sehr früh, oft schon im August, allein in die Winterruhe, während die Arbeiterinnen im Herbst sterben. Die dicken Hummeln, die in den allererersten Vorfrühlingstagen an Weidenkätzchen oder ersten Frühlingsblumen zu sehen sind, sind also ausschließlich Königinnen, geweckt von den ersten Sonnenstrahlen des Jahres und nun auf der Suche nach dem überlebensnotwendigen Nektar. Finden sie den nicht, sterben sie bei ihrem enormen Energieverbrauch sehr schnell. Finden sie ihn aber, so überlegte ich, müssten sie doch auch gewillt sein, sich in der Nähe einer verlockenden Futterquelle häuslich niederzulassen. Sprich: hier im Garten in einer Höhle, einem Mauseloch oder einem Vogelnistkasten den nächsten Hummelstaat zu begründen?

Einen Versuch ist so etwas sicher wert, und so war es an mir, die rundlichen Majestäten auf ihren ersten Ausflügen geziemend königlich zu empfangen. Eine frühblühende Weide wäre da natürlich perfekt, aber ein weiterer Strauch lässt sich hier beim besten Willen nirgendwo mehr hinquetschen. Dafür wachsen die Insektenattraktionen am Boden: Hummeln sieht man zuerst auf den zarten, frühen Elfenkrokussen, die sich üppig vermehrt haben. Offenbar mögen sie das Revier, und da lag es nahe, noch ein bisschen mit Verstärkung nachzuhelfen und mit einer Großbestellung frühblühender botanischer Krokusse den Frühlingsgarten weiter in ein Hummel- und Bienenparadies zu verwandeln.

600 kleine Zwiebelchen scheinen eine Menge, so lange man sie einpflanzen muss, doch wie sich herausstellte, reichten sie gerade mal für einen üppigen Kragen rund um den großen Kirschbaum. Und für einen Nachmittag mit dem, was meinen Garten so entspannend macht: mit tiergestützter Buddelei. Ich brauche nur ein Gerät in die Hand zu nehmen, um ein Gefolge erwartungsfroher kleiner Hennen um mich zu versammeln,

kontrolliert von Terrier Erbse, der selbsternannten Oberaufseherin über alle Gefiederten.

Hühner als Gartenbegleitung haben, abgesehen von ihrer generellen Nützlichkeit, noch ein weiteres bestechendes Plus: Im Gegensatz zu den doch eher schweigsamen Pflanzen sind sie überaus gesprächig. Forscher haben mehr als 30 verschiedene Laute identifiziert, mit denen sich Haushühner verständigen können. Das sind mehr, als den meisten Säugetieren oder Vögeln zur Verfügung stehen, und die Kommunikation der Hühner ist denn auch sehr präzise: Aus dem Warnruf eines Artgenossen zum Beispiel können die anderen Vögel genau entnehmen, ob die vermutete Gefahr vom Boden oder aus der Luft droht. Auch mit »ihrem« Menschen reden Hühner gern, vor allem dann, wenn es sich lohnt. Wenn sie mich rund ums Grundstück begleiten, kommentieren die Hennen angeregt jeden Schritt und jede Pflanze, an der ich anhalte. Besonders laut und fordernd wird der Chor, wenn wir in die Nähe der saisonalen Hühnerfavoriten kommen: von Johannisbeeren oder Springkraut, Sonnenblumen oder Weintrauben kann schließlich jederzeit ein Leckerbissen geflogen kommen!

Beim sonst eher monotonen Verbuddeln vieler winziger Zwiebelchen lässt es sich also auf das Netteste mit den Mädels schwatzen, und genau das tat ich dann auch. Ich grub Krokus um Krokus ein, umgeben von eifrigen

Gefiederten, deren Kratzfüße der kleinen Schaufel ständig im Weg waren, und deren langgezogene Gaaacks und Goocks sogar für mich deutlich verständlich waren: »Schneller, wir wollen den nächsten Wurm!« Auch ein ärgerlich klingendes Stakkato – »Ackackack« – war leicht zu übersetzen: »Verflixter Köter!« Erbse nämlich lässt uns vorsichtshalber kaum aus den Augen: Es könnten ja Leckerbissen fliegen, die sie den Hühnern auf keinen Fall gönnt – und sie gönnt ihnen eher wenig. Sogar einen Regenwurm hat sie schon futterneidisch vor den Schnäbeln weggeschnappt, aber nur, um sich anschließend angewidert die Schnauze am Gras zu reiben und wenigstens auf dieses Extra zu verzichten.

In so unterhaltsamer Gesellschaft sind dann auch 600 winzige Zwiebelchen fix eingegraben, und mit Herbstsonne, goldenem Kirschbaumlaub über mir und Hühnern und Hund um mich herum wurde es ein Nachmittag, der den bevorstehenden Abschied vom Garten noch einmal ganz weit wegrücken ließ. Das Mühsamste folgt ja ohnehin später: dieses endlos lange Warten.

Jailbirds oder: Der Hühnerknast

So schnell kann's gehen: Mitte November 2016 wurde aus meinem geliebten Hühnervergnügen ein dicker Frust, der Mensch und Tier gleichermaßen zusetzte. Schuld daran: die Stallpflicht. Mit der Vogelgrippe kam der behördliche Aktionismus: Seuchenträger, so die offizielle These, waren die Zugvögel, und um die vom Hausgeflügel fernzuhalten, gab es Stallpflicht für gleich alle Gefiederten, vom Strauß bis zur Wachtel. Rigoros und ausnahmslos. Nun leben meine Hühnchen isoliert in der innersten Innenstadt, gleich weitab von Zugvögeln wie von anderen Geflügelbeständen. Dass sie da sich selbst oder andere infizieren, ist also eher unwahrscheinlich. Dennoch machte die ominöse »Geflügelpest« derart Schlagzeilen, dass ständig wildfremde Passanten am Zaun nachfragten, ob ich die Hühner auch ja einsperre. Buchstäblich den Vogel ab schoss da eine junge Mutter, die mir mit todernster Miene nahelegte, meine Gefahrentiere besser gleich ganz abzuschaffen: »…schließlich laufen hier Kinder!«

Knast also auch für meine elf Zwerge, immerhin vergleichsweise komfortabel. Das Hühnerställchen liegt innerhalb eines großen, durchsichtig gedeckten Holzschuppens, der im Winter außer dem Brennholz auch noch Gartenmöbel, Kübelpflanzen & Co beherbergt. Ein ganzes Wochenende lang schaffte ich nun fluchend alles, was ich nur irgendwie bewegen konnte, vom Häcksler über die Pflanzkübel bis hin zum Düngersack über die steile Treppe in den Keller und bekam etwa die Fläche eines großen Autostellplatzes frei. So konnten wir immerhin den Schein wahren, die Vögel morgens »rauszulassen«, und gemessen an dem, was ihren Artgenossen in industrieller Haltung an Lebensqualität bleibt, war das Ganze immer noch Luxus pur. Aber eben doch jämmerlich wenig, verglichen mit der gewohnten Bewegungsfreiheit. Die Hühner verstanden die Welt nicht mehr, und das zeigten sie deutlich. Ich gab mir alle Mühe mit Maximalservice wie Stroh zum Scharren, Holzpaletten gegen die Bodenkälte, Äpfel und Grünkohl zum Picken, aber die Vögel hatten nur eines im Sinn: Raus! Sie versuchten ständig, mit mir nach draußen durchzuschlüpfen und gackerten mir dann jämmerlich hinter der vernetzten Tür nach, die sie vom gewohnten Garten-Auslauf trennte. Ein trauriger Anblick, aber auch da hatten wir noch Glück: Temperamentvolles, nervöses Geflügel tendiert dazu, seinen Stress in so einer Zwangslage damit zu entladen, dass es einander verletzt oft sogar tödlich. Meine Vögel ließ das friedliche Wyandotten-Temperament nur still resignieren. Als bunte, aufgeplusterte Klumpen hockten sie bald zusammen in einer Ecke, machten nur noch andeutungsweise die Hälse lang, sobald die Tür aufging, verloren den rassetypischen Appetit und wirkten jämmerlich teilnahmslos. Das erste Mal, seit die Hühner hier waren, machte es keine Freude mehr, ihnen zuzusehen.

Um so mehr Abwechslung im Alltag boten dafür die strengen Vorschriften zur »Biosicherheit«, die zwischen ein paar privaten Zwerghühnern und industriellen Riesenanlagen ebenfalls keinerlei Unterschied machten. Meinem Brennholz hätte ich mich eigentlich nur noch voll verhüllt in »betriebseigener Schutzkleidung« und durch Desinfektionswannen nähern dürfen. »Legen Sie die Schutzkleidung unverzüglich ab, wenn Sie den Stall verlassen«, war dann eine Anordnung, die mir ziemlich zu denken gab, denn das hätte hier nicht nur mehrmals täglich einen winterlichen Striptease auf offener Einfahrt bedeutet, sondern auch enorme Kosten für die vorgeschriebenen Einmal-Anzüge. Eigene, für den Stall reservierte Kleidung war zwar erlaubt, aber nur, wenn sie nach jedem Stallgang »bei mindestens 60 Grad« gewaschen wurde – und zwar, bevor ich die Umgebung wieder betrat, was eine Outdoor-Zweitwaschmaschine erfordert hätte. Das Ganze war umso bizarrer, als es so sinnlos war. Offiziell hieß es, wir Kleinhalter würden derart drangsaliert, weil unsere freilaufenden Bestände eine nicht hinnehmbare Gefahrenquelle für die kommerzielle Geflügelwirtschaft darstellten, doch die Wirklichkeit hielt solchen Theorien schnell nicht mehr stand: Die Seuche verbreitete sich bald direkt von Großstall zu Großstall. Dass überall in diesen angeblich so sicheren Tierfabriken sterbende Wildvögel ihre Virenladung gezielt in die Lüftungen gekotet hatten, darf man da wohl getrost ebenso ins Reich der Fabel verweisen wie die unheilvolle Rolle, die kleine Privathaltungen bei der Seuchenverbreitung spielen sollten.

Dennoch: Das Theater dauerte Monate. Ein langer, elender Winter für meine Gefangenen, für mich und, wie sich später herausstellte, zu allem Überfluss auch noch für den Garten. Da leben nämlich die Profiteure des behördlichen Overkills: die großen Nacktschnecken. Die Hennen verbringen normalerweise den ganzen Winter damit, das Revier sorgsam und methodisch von deren Gelegen und Jungtieren zu befreien. Wie effizient diese Patrouille ist, zeigte sich prompt, als sie ausfiel: Es folgte eine große Schneckenplage – fiese Ganzjahres-Erinnerung an den winterlichen Hühnerknast.

Goldene Ernte

Je schneller sich das Gartenjahr seinem Ende nähert, je unwirtlicher und dunkler es draußen wird, desto lieber sehe ich auf dieses Küchenregal. Dort steht, eingefangen in hellem, leuchtendem Bernsteingelb, ein ganzer warmer Sommer: Honig von meinen Bienengästen. Mein Garten, komprimiert für die dunkle Jahreszeit. Selten bin ich auf etwas so stolz gewesen.

Wir haben lange genug darauf gewartet, denn in den ersten Jahren fiel die Ernte, oder, wie die Imker sagen: die Tracht, eher enttäuschend aus. Es war nass, es war kalt, der ganze letzte Sommer verregnete total, und die Bienen zogen es vor, ihren eher bescheidenen Eintrag selbst zu verbrauchen. Umso gespannter waren wir dann diesmal, als mit einem warmen Frühjahr der Tisch reichlich gedeckt war. Dass dieses Jahr anders war als die vorherigen, zeigten die Bienen von Anfang an nicht nur mit rekordverdächtigem Flugbetrieb. Sie waren auch reizbarer als bei kühlem Wetter, nicht wirklich aggressiv, aber schon sehr auf ihre Privatsphäre bedacht: Es war ein deutliches »Stör uns hier nicht, wir haben so viel zu tun!« Womit sie natürlich recht hatten: Arbeitsbienen fliegen zum Sammeln einen Radius von drei Kilometern um den Stock ab – ein enormes Pensum für ein so winziges Insekt. Von diesen Sammeltouren kamen sie oft derart beladen zurück, dass einige besonders fleißige Mädels sich überschätzten: Sie packten sich so viele Blütenpollen in die »Körbchen« an den Hinterbeinen, dass sie vor dem Kasten notlanden mussten und dabei regelrecht hinplumpsten, bevor sie mühsam krabbelnd mit ihrer Last das Einflugloch erreichten.

Drinnen vollbrachten sie ein Wunder. Anders kann man es wohl kaum nennen, wenn 80 Milligramm-Insekten in einer komplizierten Teamarbeit kiloweise Honig erzeugen. Die Arbeiterinnen draußen sammeln nicht nur die Pollen, mit denen der Nachwuchs großgezogen wird, sondern vor allem den zuckerhaltigen Saft von Blütenpflanzen. Dafür haben sie einen Extra-Vorratsspeicher, den Honigmagen. Schon da setzen sie diesem Nektar Enzyme zu, die den Pflanzensaft in eine Honig-Vorstufe verwandeln. Daheim geben sie ihn an die innen arbeitenden Stockbienen weiter, die die Flüssigkeit dann mehrfach aufnehmen und wieder ausscheiden und dabei weiter mit Enzymen, Säuren und Eiweißen anreichern. Danach füllen die Arbeiterinnen den süßen Saft in leere Waben und entziehen ihm dort, durch Trocknenlassen und Fächeln mit den Flügeln, so viel Wasser, dass der fertige Honig nur noch etwa 18 Prozent Feuchtigkeit enthält. Woher alle diese Winzlinge so genau wissen, was sie zu tun haben? Das wüsste ich auch gerne!

Für die menschlichen Zuschauer wird es jetzt spannend: Was nämlich die Bienen nicht selbst fressen oder an ihren Nachwuchs verfüttern, packen sie noch einmal um, in Lagerzellen über dem eigentlichen Brutnest. Die, ganz oben im Kasten, kann der Imker kontrollieren, ohne das Volk allzu sehr zu stören. Es ist faszinierend zu sehen, wie sich diese Speicher von Woche zu Woche füllen: Erst schimmern die Waben nur ein bisschen golden, wenn sie gegen das Licht gehalten werden. Dann wird die Farbe intensiver, die Wabe schwerer, und die ganze Umgebung des Kastens riecht würzig nach Honig und Wachs. Zum Schluss verdeckeln die Bienen die Waben mit weißem Wachs. Für den wartenden Menschen ein Zeichen: Der Überschuss ist reif und kann geerntet werden. Eine archaische Tätigkeit, eine der ersten Ernten in der Geschichte der Menschheit, weit älter als der gesamte Gartenbau: Europäische Steinzeitjäger stellten den verdeckelten Leckerbissen schon ebenso nach wie vorgeschichtliche australische Aborigines.

Unser Resultat im Juni: stolze zwanzig Kilo Innenstadt-Honig. Nach der Ernte blühten die Linden an den Straßen, und schnell füllten die Bienen die Waben erneut. Weil sie städtischen Lebensraum bestens nutzen können, sind urbane Bienenvölker denn auch so in, inner geht's nicht. Imkerverbände sprechen vom »Boom«, und die Verkostung von Großstadthonig hat es längst in die Spalten einer großen Wochenzeitung geschafft: »Solide, harmonisch und etwas flach«, »Blumige Eindrücke von Rose und Hyazinthe«, »samtige Butternote« und »spielt im Mund« lautet das Urteil der Fachleute über die Ernte von Rathausdach, Großflughafen und Hafenrand. Natürlich musste ich, inspiriert von so viel verbaler Kreativität, unseren Honig sofort nochmal probieren: Samtig ist er tatsächlich, von eher zarter Süße, der vom Sommer deutlich dunkler und würziger als der Frühjahrshonig, und ein deutliches Blumenaroma meine ich auch zu schmecken. Aber ob da nun wirklich mein Apfelbaum mitspielt? Oder die Ramblerrosen, auf die die Bienen buchstäblich so sehr geflogen sind? Haben die Weidenröschen, so, wie alte Bücher es versprechen, den Honig kräftiger gemacht? Ehrlich gesagt: Ich weiß es nicht. Auf jeden Fall ist diese Extra-Ernte gewürzt mit der unnachahmlichen Freude, wirklich und wahrhaftig den eigenen Garten im Glas zu haben. Und noch ein nicht zu unterschätzendes Plus hat der goldene Segen mitgebracht: Endlich habe ich originelle Weihnachtsgeschenke für die, die eigentlich schon alles haben!

Tod auf leisen Schwingen

Der Tod kam am Nachmittag zu Besuch, an einem der wenigen kalten Januartage des vergangenen Matschwinters. Im Garten brach jäh die Hölle los. Eine Krähe krächzte durchdringend, und nicht nur die Wildvögel, sondern vor allem die Hühner schrien, wie ich sie nie zuvor hatte schreien hören. Das war nicht das nervöse »Achtung!«-Gegacker, mit dem sie vorbeistreifende Katzen begleiten, nicht einmal das entsetzte Aufschreien, wenn der Sperber zwischen die Kleinvögel schießt. Das war schiere, sich überschlagende Panik. Doch als ich hastig nach draußen gerannt war, waren sie schon wieder ruhig. Die anderen Vögel zeterten weiter, von meinen Hennen fehlte jede Spur. Ich brauchte einen Moment, bis ich sie fand: Sie hockten, Gott sei Dank unversehrt, tief unter der alten Weigelie, fest aneinander und an den Stamm gepresst, mit gereckten Hälsen und mucksmäuschenstill. Nur ab und zu kam ein leises, trillerndes »Kurr!« aus dem bunten Knäuel. In der Hühnersprache heißt das: »Luftalarm!« – und in derartigen Horror versetzen kann die Gefiederten da nur einer: ihr tödlichster geflügelter Feind, der früher aus gutem Grund »Hühnerhabicht« genannt wurde.

Zwar war nichts von einem Greifvogel zu sehen, doch genau das ist bei *Accipiter gentilis* zu erwarten: Der Habicht ist ein Ansitzjäger, ein Stalker der gefährlichsten Sorte. Der prachtvolle halbmetergroße Vogel mit der eisengrauen Oberseite und dem gesperberten Bauch verbirgt sich gern in Bäumen und Sträuchern. Dort beobachtet er seine Umgebung reglos aus scharfen orangegelben Augen, bis die Gelegenheit zum blitzschnellen Zugriff kommt. Habichte haben nicht nur eine hohe Startgeschwindigkeit, sie können ihren geschmeidigen Körper mit den abgerundeten Flügeln und dem langen Schwanz auch nahezu jeder Lücke anpassen und verfolgen ihre Opfer bis tief in die sperrigsten Büsche. Lange Beine und besonders kräftige Krallen ermöglichen es ihnen, Vögel bis zur Gänsegröße sicher zu überwältigen: Sie sind sogenannte Grifftöter, packen also zu, bis sich nichts mehr rührt.

Für freilaufende Hühner bedeutet dieser beeindruckende Jäger den Tod auf leisen Schwingen. Wie genau meine Hennen das wussten, auch ohne von einem wachsamen Hahn geführt und gewarnt zu werden, war schon erstaunlich. Die drei Jahre, die sie hier in der Innenstadt leben, hatten sie sicher noch keinen Habicht zu Gesicht bekommen. Und dennoch waren die sonst so zahmen Vögel derart alarmiert, dass es mir nicht gelang, sie in den sicheren Schuppen zu treiben. Sie drückten sich nur, stumm und verängstigt, tiefer unter ihren Busch. Also blieb mir nichts weiter übrig, als mit Terrier Erbse davor Wache zu schieben. Da ich nicht wusste, ob der Jäger nicht ganz in der Nähe lauerte, wagte ich mich nicht einmal kurz zurück ins Haus, um eine Jacke zu holen.

Während ich jämmerlich fror und die Natur im Allgemeinen und *Accipiter gentilis* im Besonderen sonstwohin wünschte, fiel mir plötzlich auf, dass sich das Vogelgeschrei veränderte. Es krächzte über mir – und was da anflog, hätte jedem Gruselfilm-Regisseur das Herz höher schlagen lassen: Von überall, scheinbar aus dem Nichts, kamen zielstrebig Krähen aus dem bleifarbenen Winterhimmel, Massen von Krähen. Ich hatte keine Ahnung gehabt, dass es hier so viele gibt. Sie umringten einen großen, efeubewachsenen Baum ein Stück hinter unserer Grundstücksgrenze. Wer immer dort saß, fiel gerade einem Berufsrisiko zum Opfer: Seine Tarnung flog buchstäblich auf. Der schwarze Schwarm, von Elstern und Kleinvögeln verstärkt, krächzte und schrie markerschütternd, und immer wieder stießen einzelne Krähen kurz gegen den Baum vor.

Es stimmte also, was eine Zeitung schon 1912 berichtete: »Der Korpsgeist, wenn man so sagen will, ist beim Krähengeschlecht so stark ausgebildet wie bei keiner anderen Vogelart, und auf das Hilfegeschrei eines dieser von einem geflügelten Räuber verfolgten Tiere tauchen mit oft geradezu verblüffender Schnelligkeit hilfsbereite Artgenossen auf, die den Feind gewöhnlich nach kurzem Kampfe mit stark zerzaustem Zustande in die Flucht schlagen oder aber ihn nach einem längeren erbitterten Luftgefecht für alle Zeiten unschädlich machen.« Hitchcock in der Heide: Bei uns dauerte der Tumult so lange, bis aus dem Baum ein großer, grauer Vogel mit leuchtend heller Unterseite aufstieg und Richtung Park davonzog. Tatsächlich ein Habicht, verfolgt von einem Kometenschweif tobender Krähen. Die Rabenvögel hatten ihm mit ihrer aggressiven Überzahl den Ansitz vermiest. Für diesmal.

Die Hühner blieben in Deckung, bis es dunkel wurde, und dass ich sie am nächsten Tag eingesperrt halten wollte, weil Habichte für einmal ausgemachte Beute gerne wiederkommen, erwies sich als unnötig: Sie wollten ohnehin nicht aus dem Stall. Erst nach zwei Tagen kehrte wieder Normalität ein. Nur die Krähen sehen wir jetzt mit ganz anderen Augen: Wer hätte gedacht, dass die oft so lästigen Schwarzen derart wirksame Hühner-Bodyguards abgeben?

Winterlicher Gartengruß

Wenn ich irgendwas am Winter wirklich hasse, dann sind das die Jahre, in denen er ausfällt. Es ist doch fies genug, monatelang auf den Garten zu verzichten. Müssen uns die Wettergötter diesen Entzug dann auch noch, statt ihn mit leuchtend weißem Schnee aufzuhellen, mit Düsternis und Matsch verschärfen? Mit dem sicheren Wissen, dass gerade die Krokus- und Tulpenzwiebeln in der klitschnassen Erde vergammeln? Manchmal fällt es echt schwer, da noch einen Trost aufzutreiben, aber letztes Jahr, als der norddeutsche Winter alle Garstigkeits-Rekorde brach, fand sich tatsächlich einer. Er saß einen Meter unter der Terrasse außen am Kellerfenster, klebte fest am Glas und schlief, das Häuschen fest verdeckelt, den Winterschlaf der Gerechten. Es war eine prächtige, dicke Weinbergschnecke, die sich, statt sich wie gewöhnlich einzugraben, diesen ungewöhnlichen Überwinterungsplatz ausgesucht hatte.

Ein netter Gruß vom Garten, denn im Gegensatz zu ihren fiesen nackten Kollegen sind meine Weinbergschnecken absolute Sympathieträger, deren gemütliche

Rundlichkeit und ansteckende, beinahe meditative Ruhe jeder mag. Eine Art lebender Dekoration und tatsächlich »meine«, denn wir haben sie angesiedelt. Vor mehr als zehn Jahren hat ein befreundeter Gärtner die ersten auf einem Baugrundstück vor den Baggern evakuiert. Ein paar brachte er hierher, und sie waren gekommen, um zu bleiben. Was man in diesem Fall wörtlich nehmen darf: Ich habe noch nie ein derart standorttreues Tier erlebt. Seit einem geschlagenen Jahrzehnt lebt die kleine Kolonie nun in den Beeten rund um die dicht bewachsene Hauswand, in einem Radius von nicht viel mehr als einem Meter. An anderen Stellen im Garten trifft man sie so gut wie nie. Was sie zu so angenehmen Gästen macht, ist ihr selektiver Appetit: Im Gegensatz zu den großen Nacktschnecken, die mit aufreizender Zielsicherheit Pflanze um Pflanze erklimmen, um oben den zarten Austrieb und die Blütenansätze abzufressen, halten sich die Weinbergs hier bevorzugt an Angewelktes, bleiben also unten und richten keinen nennenswerten Schaden an. Mit einer Ausnahme: jungen Sonnenblumenpflanzen kann offenbar auch die kultivierteste Schnecke nicht widerstehen. Aber generell geben mir die friedlichen Dicken keinen Grund zu Kampfhandlungen, halten sie es doch mit »make love, not war« und paaren sich, statt den Garten zu verwüsten, dort lieber hingebungsvoll und ausdauernd. Trotzdem hat sich ihre Zahl kaum verändert und schwankt immer um ein Dutzend Tiere. Für die habe ich etwas gezittert, als die Hühner einzogen. Aber sie ignorieren die dicken Brocken komplett und dezimieren nur den winzigen Nachwuchs, doch ein paar der bildschönen, tief schokoladenbraunen Jungtiere schaffen es jede Saison. Interessenkollisionen gibt es dann im Herbst, wenn die Schecken anfangen, sich in der lockeren Erde direkt an der Hauswand zum Winterschlaf einzugraben. Leider gefällt genau diese lockere Erde auch den Hühnern besonders gut, die die Schläfer beim Kuhlenbuddeln prompt wieder hochscharren. Da muss ich dann helfend eingreifen, die Schnecke sozusagen wieder ins Bett bringen und den Kratzfüßen mit ein paar Steinen die Stellen vermiesen.

Diesem Dilemma hatte sich die Schnecke am Kellerfenster entzogen: Statt sich mühsam einzubuddeln, war sie einfach immer tiefer an der Hauswand herabgekrochen, hatte im Souterrain das wärmere Fenster gefunden, sich dort festgeklebt und ihr Häuschen dicht gemacht. Was erstmal eine prima Idee schien, aber bei ernsthaften Frostgraden natürlich ihr Todesurteil gewesen wäre. Doch sie hielt durch: jedes Mal, wenn ich nach unten kam, war die Schnecke noch da, wie ein winziges Stück Garten in der düstersten Jahreszeit. Bald zeigte sich deutlich, was Gartenentzug mit einem

Menschen anstellen kann: Ich begann tatsächlich, mir Gedanken um meinen Wintergast zu machen. Je länger ich die Schnecke sah, desto mehr wünschte ich ihr, nun auch zu überleben. Schließlich hatte sie doch schon Wochen und Monate geschafft, und es wäre einfach zu gemein, wenn sie jetzt noch einem harten Frost zum Opfer fiele. Irgendwann erwog ich sogar ernsthaft, sie ins Haus zu nehmen, falls es wirklich kalt wurde. Was natürlich einen Haken gehabt hätte: Lässt sich eine verdeckelte Schnecke durch zu hohe Plusgrade verführen, den Kalkdeckel an ihrem Häuschen zu öffnen, gibt es kein Zurück. Wieder schließen kann sie es nicht und stirbt bei der nächsten harten Kälte. Ich hätte sie also bis zum Frühjahr durchfüttern müssen – und Winterpflege für Schnecken schien selbst mir doch eine reichlich bizarre Idee. Das Dilemma blieb uns dann erspart. Der Winter fiel total aus, und als es endlich Frühling wurde, war ich entsprechend gespannt, ob meine Untermieterin überlebt hatte. Sie rührte sich lange nicht, aber eines Apriltages war ihr Fensterplatz doch leer, und genau darüber am Haus saß die dicke Weinbergschnecke. Alles gut gegangen – die kreative Platzwahl hatte sich ausgezahlt.

Die heilige Kratzbürste

Für einen Heiligen hat er verdammt schlechte Manieren. Jedes Mal, wenn ich meine große Deutzie zurückschneide, fest eingeklemmt zwischen Strauch und Nachbarszaun, kommt der Moment, in dem ich mit einem blind geangelten Zweig auch jäh etwas erschreckend Schmerzhaftes in der Hand habe. Der Ilex – den hatte ich schon wieder vergessen! Seit Jahren schmuggelt sich die Stechpalme im Schatten des großen Strauchs ans Licht, eng an dessen Basis gepresst, jede Lücke sofort mit einem wehrhaften Austrieb nutzend. Ebenso lange vergesse ich sie nach jedem Rückschnitt wieder im dichten Grün – bis zum nächsten ungeschützten Griff ins Pieksige.

Diese gut versteckte Kratzbürste ist das Andenken an eine regelrechte Ilex-Invasion. Wo immer hier ein Vogel in Büschen oder Bäumen sitzen und verdauen konnte, tauchten bald Sämlinge auf, winzig und dekorativ in ihrem blanken dunkelgrünen Outfit. Ich erstarrte beinahe in Gärtner-Ehrfurcht: Ein bis so tief ins Dunkel der Geschichte kulturübergreifend verehrtes Gewächs dürfte sich im Durchschnittsgarten sonst eher selten anfinden. Dass die Stechpalme heute eine besonders in angelsächsischen Ländern beliebte Weihnachtsdekoration ist, zeigt immer noch einen Abglanz der Verehrung, die diese Pflanze einst genoss. Der Ilex ist eines der wenigen immergrünen Laubgewächse in unseren Breiten, wehrhaft, giftig und unübersehbar in seinem tiefen Grün mit den leuchtend roten Beeren. Er umgab Gehöfte als undurchdringliche Hecke und ließ sich im Wald als edles Hartholz ernten. Römer, Germanen und Kelten verehrten die mächtige Pflanze in seltener Einigkeit als Beschützer und Glücksbringer, als Symbol des ewigen Lebens. In ganz Europa wurde sie zur Wintersonnenwende, unserem heutigen Weihnachtsfest, verschenkt. In ganz Europa hing sie auch in Stall und Haus, um Feen und Elfen in ihr wehrhaftes Laub einzuladen und so böse Wintergeister in die Schranken zu weisen. Sogar Frau Holle, die Erdmutter selbst, soll sich zum Ilex hingezogen fühlen, daher sein englischer Name: holly wood.

Ein so netter Aberglaube bereichert jeden Garten, und entsprechend war ich geschmeichelt, dass dieser mythische grüne Beschützer freiwillig zu mir gefunden hatte. Was die Legenden allerdings verschweigen: So, wie es Pflanzen gibt, die eine wundersame Fähigkeit haben, immer am richtigen Platz aufzutauchen – Akeleien zum Beispiel – gibt es auch diejenigen, die sich auf ebenso magische Weise grundsätzlich Standorte aussuchen, die mit menschlichen Interessen nur begrenzt kompatibel sind. Ilex gehört dazu. Im Garten meiner Eltern stand so einer als wüchsige Wegsperre, riss trotz dauernden Schereneinsatzes ständig Einkaufskörbe von Fahrrad oder kratzte Vorbeigehenden mal eben ein kleines Tattoo. Der Vielverehrte ist, wie könnte es anders sein, ein sehr selbstbewusstes Gewächs von stabilem Wuchs, und so denkt er als älteres Exemplar gar nicht daran, bei einem Mensch-Pflanze-Kontakt als erster nachzugeben.

Auch meine vielen Ilexe, so langsam sie wuchsen, wurden irgendwann doch richtig lästig. Wieso bloß kamen die hier so blendend klar? Antwort gab da, mal wieder, mein hochgeschätztes Gartenbuch aus Kaisers Zeiten: »Wenn doch dieser immergrüne Strauch mit seinen zwar stechenden, doch schönen wellig gebuchteten lederartig glänzenden Blättern überall so gut gedeihen wollte als in den Wäldern Norddeutschlands! Im Garten stehen meist traurige Gestalten, blattlose, kraftlose Bäumchen, die ihre einstige Pracht nur noch an einigen Blättern zeigen und den Tod im Herzen tragen. Die Beobachtung des Ilex im norddeutschen Walde zeigt uns, dass derselbe lehmhaltigen Humusboden und genügende Feuchtigkeit desselben wie der Luft verlangt.«

Das ist also das Geheimnis: Ilex gehört zu den wenigen Pflanzen, die das Klima der norddeutschen Tiefebene uneingeschränkt zu schätzen wissen. Ich zögerte zwar lange, den Zorn diverser Götter auf mich zu ziehen, aber wenn ich nicht überall im Garten aggressiv attackiert werden wollte, kam eben doch die Zeit für drastische Maßnahmen: Ich entschuldigte mich vorsichtshalber vielmals bei Elfen, Erdmüttern & Co und rodete den unerwünschten Stechpalmen-Segen rigoros. Nur zwei Exemplare, die es, gut versteckt, schon zu einiger Größe geschafft hatten, dürfen als Unterholz und Feenwohnung bleiben, auch wenn sie männlich sind, also leider keine dekorativen roten Beeren tragen. Sicher ist sicher – so ein bisschen Magie will ich dem Garten schon erhalten. Die große Zuwanderungswelle via Vogel ist ohnehin beendet, auf ebenso typische wie traurige Weise: Als wieder eines der alten Häuser in der Nachbarschaft abgerissen wurde, prangte dahinter im Garten ein prächtiger, wirklich sagenwürdiger alter Ilexbaum voller roter Beeren. Da waren sie also all die Jahre hergekommen! Und tatsächlich: Seit auch dieses Grundstück flächendeckend bebaut ist, finde ich unter meinen Bäumen und Sträuchern keinen Nachwuchs mehr. Doch immerhin: zwei Stechpalmen sollten auch genügen, um weiterhin von Blitz, Feuer und bösen Wintergeistern verschont zu bleiben.

Der Besuch der kleinen Taube

Eigentlich sollte sich dies hier ganz anders lesen: als Saisonabschluss-Seufzer für ein Gartenjahr, das man besser schnell vergisst. Kälte und Regen nonstop waren genug, um selbst hartnäckigen Grünabhängigen den Gartenspaß buchstäblich zu verhageln. Die Rosenblüte schlug es platt, die Pilzkrankheiten explodierten, die Nacktschnecken erreichten Rekordmaße – dieses eine Mal hatte sogar ich echt genug von meinem Garten.

Nur, komischerweise: So etwas dauert nicht. Kaum sitzt man gartenlos in der Winterpause, kommt auch schon die Sehnsucht zurück: Die nächste Saison muss doch einfach besser werden! Zu Weihnachten gibt es gerne Hochglanzbücher aus einer Gartenwelt jenseits von Nässe und Schnecken, zum neuen Jahr kommen verlockendsten Kataloge, und: Gab es nicht selbst dieses Jahr ein paar Lichtblicke, die man nie hätte missen mögen? Den Duft in den wenigen Stunden, in denen alle Rosen gleichzeitig in Blüte standen? Die hibiskusroten Knitterblüten der Stockrosen, die sogar das verpilzte Laub überstrahlten – und dazu die unerwarteten kleinen Abenteuer?

Diese kurze Regenpause zum Beispiel, in der meine Nachbarin anfragte, ob ich mir ein neues Hobby zugelegt hätte? Beim Rasenmähen war sie fast über eine offenbar flugunfähige Taube gestolpert, und irgendwie – ich kann mir wirklich überhaupt nicht vorstellen, weshalb – denken hier alle bei Viechern unbekannten Ursprungs gleich an mich. Nun hockte der Vogel schlapp unter dem Rhododendron, musterte uns aus seinen Perlaugen und pickte gierig das zugeworfene Hühnerfutter. So erschöpft die Taube war, sie war dennoch ein auffallend schönes und gepflegtes Tier: jung, mit windschnittigen Kurven, seidenglattem, graublauem Gefieder, blanken Augen und mehreren Ringen an den roten Beinen. Eine gestrandete Brieftaube, ein Haustier also, dem Marder, Katze & Co keine Chance gelassen hätten. Sie ließ sich widerstandslos greifen, und wir quartierten sie in einen großen Hühnerkäfig in meiner Küche ein. Dort vertilgte sie unverzüglich Körnerfutter und Wasser mit Traubenzucker in Mengen, die selbst meine gefräßigen Hennen verblüfft hätten. Und was nun? Einen Namen brachte sie – oder vielmehr: er, denn es war ein Täuber – immerhin mit: Brieftaube heißt auf Englisch »homer«, und wenn sich das sicher auch auf das Heimfindevermögen der Tiere bezieht, so musste ich bei diesem kleinen, rundlichen Bruchpiloten doch unwillkürlich an den tollpatschigen Homer Simpson denken. Homer saß nun also gleichermaßen satt wie müde in meiner Küche und blinzelte zufrieden vor sich hin, während ich das Internet konsultierte, um zum Namen möglichst eine Adresse zu finden.

Dummerweise bot das außer den Kontaktdaten des Brieftaubenzüchterverbandes vor allem reichlich Abschreckung: Wer, so warnten viele Tierschützer, eine Brieftaube ihrem Besitzer melde, werde automatisch ihr Henker. Züchtern seien ihre Tiere generell entweder so gleichgültig, dass sie sie ohnehin nicht zurückhaben wollten, oder, schlimmer noch: »Versager« wie Homer würden unverzüglich mit abgerissenem Kopf in der nächsten Mülltonne versenkt. Ein Schicksal, das ich meinem niedlichen Gast natürlich keinesfalls wünschte. So war ich ziemlich unsicher, während ich mir seine Ringe näher ansah. Der rote mit einer Nummer, das hatte ich inzwischen heraus, bedeutete, dass es sich um ein registriertes diesjähriges Tier handelte. Ein schwarzer Plastikring mit einem Chip bewies, dass Homer tatsächlich auf einem Wettflug verlorengegangen war. Und dann war da noch ein dritter Ring mit einer Zahlenreihe, die aussah wie eine Telefonnummer. Die des Züchters, der meinen Findling angeblich unverzüglich entsorgen würde? Andererseits – Homer wirkte derart gepflegt, dass ich mir einfach nicht vorstellen konnte, dass sich sein Besitzer nichts aus ihm machte. Also tippte ich die Nummer ins Telefon ein, und Bingo: Es war tatsächlich die von Homers Eigentümer. Entgegen allen Befürchtungen freute er sich sehr, von seiner Taube zu hören und versorgte mich unverzüglich mit Tipps, damit es ihr auch ja gut ginge. Eine Einstellung die, wie er mir versicherte, die weitaus meisten seiner Kollegen teilen würden. Soviel zu den Horrorstories.

Homer lebte, wie sich herausstellte, nur etwa 40 Kilometer entfernt und hatte sich auf einer 130 Kilometer-Reise verirrt. Für Brieftauben mit ihrem phänomenalen Heimfindevermögen und einer Geschwindigkeit von bis zu 120 Stundenkilometern ist so etwas normalerweise eine eher einfache Aufgabe. Aber unser Held hatte es verpasst, in Lüneburg sozusagen nach Hause abzubiegen und war stattdessen immer weitergeflogen, bis seine Reserven erschöpft waren. Da wollte ihm sein Herrchen keinen Rückflugversuch zumuten. Homer blieb also in seinem Küchenquartier, futterte und kackte weiter mit gleichermaßen erstaunlicher Intensität, und schon am nächsten Tag wurde er von einem hiesigen Züchterkollegen abgeholt, zum weiteren Aufpäppeln und Zurückbringen. So viele Menschen, die für die sichere Heimkehr einer kleinen Taube sorgten – ein nettes Happy-End, das selbst einer verregneten Gartensaison noch ein Glanzlicht aufsetzen konnte.

Zu schön zum Sterben

Unsere Gartenfreunde weiter südlich müssen jetzt ganz tapfer sein: Hier im Norden gedeiht der Buchsbaum immer noch, und ich hoffe inständig, dass das auch so bleibt. Das Miteinander mit den unverwüstlichen grünen Begleitern macht einfach so viel Freude. Dass einem allerdings ein Buchsbaum Grüße schickt, kommt auch hier eher selten vor. Aber der, der das tatsächlich tut, ist ja auch keine normale Pflanze, sondern eine ganz besondere.

Kennengelernt haben wir uns dank einer Macke, die ich mit erstaunlich vielen leidenschaftlichen Gärtnern teile: Ich kann nicht gut Grünes sterben sehen. So gibt es mir immer einen Stich, wenn die Grünabfall-Kiste auf dem Friedhof mal wieder so richtig voll ist, und die gerodeten Pflanzen klagend die nackten Wurzeln gen Himmel recken. Ich habe da schon mal diskret das eine oder andere Hornveilchen oder Miniröschen mitgenommen und mich gefreut, wenn es zu Hause wieder zu Kräften kam. Solche Rettungsaktionen sind allerdings nicht immer komplikationsfrei: eine Bekannte verdankt einem Anfall von Mitleid einen der peinlichsten Momente ihres Gärtnerlebens. Sie entschloss sich kurzerhand, einen schmucken, schon ziemlich großen Wacholder, der wurzelaufwärts sein Leben aushauchte, nicht seinem Schicksal zu überlassen. Leider war ein Teil der Pflanze schon von schwerem Abfall bedeckt. Sie ruckte und zerrte sich also immer mehr in Rage, vergaß alles um sich herum und sagte schließlich laut und ärgerlich zu dem unwilligen Rettungsaspiraten: »Kommst du jetzt mit oder nicht?! Du bist doch viel zu schön zum Sterben!« Dann erst blickte sie auf – direkt in die fassungslosen Gesichter einer kleinen Beerdigungsgesellschaft, die bei ihrem Anblick befremdet stehengeblieben war.

So weit war ich noch nicht gegangen – bis zu jenem frühsommerlichen Hundespaziergang, auf dem ich über die niedrige Friedhofsmauer spähte und mitten im Grünabfall einen Buchsbaum entdeckte. Und zwar einen ziemlich großen. So groß, dass ich einfach nicht umhin konnte, nachzusehen. Es war ein jämmerlicher Anblick: ein ursprünglich prächtiger Busch von etwa einem Dreiviertelmeter Höhe und üppig ausladend, abgestochen so knapp, dass ihm kaum mehr als ein Spatenvoll Wurzeln verblieben waren. Der helle Austrieb rundum war schon schlapp und welk, die dunklen Blätter innen sahen noch recht gut aus. Irgendwie schien der Strauch in seiner ganzen grotesken Kläglichkeit regelrecht um Hilfe zu betteln: Ich bin doch viel zu schade für so ein jämmerliches Schicksal! Mitnehmen konnte ich ihn allerdings nicht: Er war ebenso schwer wie unhandlich. Ich verließ den Friedhof also unverrichteter Dinge und versuchte, mir mit einem energischen »Sei nicht albern, mit so einem winzigen Wurzelballen kann der eh nicht überleben!« den armen Buchsbaum aus dem Kopf zu schlagen. Und sowieso: Wenn ich irgendwas reichlich im Garten habe, dann Buchs. Ich könnte also überhaupt keinen weiteren unterbringen, erst recht keinen so großen. Muss ich sagen, dass das alles nichts half? Am Ende schlich ich um die stille Mittagsstunde mit einer Schubkarre auf den Friedhof, hievte den sperrigen Burschen mühsam an Bord, und ja: ein »Nun steig doch verdammt nochmal endlich ein!« habe ich dabei auch zu ihm gesagt. Selbstverständlich immer wieder sorgfältig sichernd, ob uns auch niemand beobachtete – schließlich möchte ich nicht in der Psychiatrie landen.

Es ging aber alles glatt, und erst, als ich ihn zu Hause näher ansah, wurde mir klar, dass ich mir da einen Intensivpatienten eingehandelt hatte, wenn er denn überhaupt noch lebte. Aber zu verlieren hatten wir nichts mehr. Also pflanzte ich meinen Findling in einen großen Topf, schnitt alles Verwelkte ab, stellte ihn tief in den Schatten, hielt ihn vorsichtig feucht und hoffte das

Beste. In einem Punkt hatten wir Glück: Es war der total verregnete Sommer 2017, und im Gegensatz zu mir wusste der Buchsbaum die ewige Nässe sichtlich zu schätzen. Die Blätter wurden straffer, blanker, und dann drehten sie sich ein bisschen zum Licht. Er lebte tatsächlich noch! Und, um es kurz zu machen: Er blieb auch am Leben und überwand die teilweise Wurzel-Amputation mit der zähen Unbeirrbarkeit seiner Gattung. Während der nächsten Monate schaffte er es tatsächlich, einen kräftigen neuen Ballen zu bilden, und im Herbst stand er schon wieder so fit im Topf, dass er als bildschöner Hintergrund durch den Garten wandern konnte. Bleiben konnte er aus Platzmangel leider nicht, aber er hat sich entschieden verbessert, als er in diesem Frühjahr in sein neues Zuhause umzog. Nun prunkt er, groß, sattgrün und stolz, in einem repräsentativen Kübel als Türwächter in bester hanseatischer Stadtlage und schickt uns ab und zu Grüße von Garten zu Garten. Eine ganz schöne Karriere für einen ehemaligen Todeskandidaten – und zu schön zum Sterben war dieser Buchsbaum wirklich allemal!

Inhalt

Regina und ihr Hofstaat 7
Die Qual der Vorfreude 11
Bringt Legen Segen? 17
Der kleine Rätselhafte 23
Doras Wunder 29
Mein Baum für jede Jahreszeit 35
Diskrete Vögel 39
Das große Fressen 45
Huhnstage 49
Die Clematis-Katastrophe 55
Showdown bei Schwüle 59
Rot sehen – aber richtig 65
Der lange Abschied 69
Erlebnisgastronomie 75
Idylle pur? 79
Triffid geht fremd 85
Königsmord im Hinterhof? 89
Die Nackte auf der Einfahrt 95
Krokusse für Königinnen 101

Jailbirds oder: Der Hühnerknast 105
Goldene Ernte 111
Tod auf leisen Schwingen 117
Winterlicher Gartengruß 121
Die heilige Kratzbürste 127
Der Besuch der kleinen Taube 133
Zu schön zum Sterben 137

© Verlag Antje Kunstmann GmbH, München 2019
Umschlaggestaltung: Rotraut Susanne Berner
Druck und Bindung: Memminger MedienCentrum
ISBN 978-3-95614-297-0